变频器
工程案例精讲

李方园　编著

化学工业出版社
·北京·

内 容 简 介

本书从实用的角度出发，以案例精讲的形式介绍了西门子 V20、G120 变频器和安川 1000 系列变频器的工程使用和调试方法。全书共分 5 章，配以 42 个工程案例，主要内容包括变频器的参数、电路接线与调试，变频器在启停、调速、抱闸、制动中的基本应用，变频器在水泵风机、设备控制、通信控制中的应用等。

本书案例纷呈，每个工程案例都有详细的硬件电路设计图以及参数设置，所有案例均配有二维码视频讲解，便于读者学习与操作。

本书可作为广大自动化技术人员、中高级电工人员的工程指导用书，也适合大中专院校的电气自动化、机电一体化、工业机器人技术、应用电子技术等相关专业的师生参考使用。

图书在版编目（CIP）数据

变频器工程案例精讲 / 李方园编著. —北京：化学工业出版社，2021.4
　ISBN 978-7-122-38460-7

　Ⅰ.①变…　Ⅱ.①李…　Ⅲ.①变频器 - 案例　Ⅳ.① TN773

中国版本图书馆 CIP 数据核字（2021）第 021916 号

责任编辑：宋　辉　郝　越　　　　　　　　文字编辑：葛瑞祎
责任校对：宋　夏　　　　　　　　　　　　装帧设计：王晓宇

出版发行：化学工业出版社（北京市东城区青年湖南街13号　邮政编码100011）
印　　装：大厂聚鑫印刷有限责任公司
787mm×1092mm　1/16　印张14¾　字数377千字　2021年5月北京第1版第1次印刷

购书咨询：010-64518888　　　　　　　售后服务：010-64518899
网　　址：http://www.cip.com.cn
凡购买本书，如有缺损质量问题，本社销售中心负责调换。

定　　价：58.00元　　　　　　　　　　　　　　　　　版权所有　违者必究

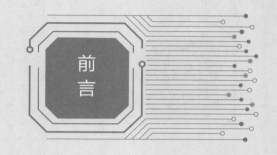

前言

　　变频器在工业和公用设备中的应用已经日益普及，相关的书籍也已经非常多，但是很多读者在工作中碰到一些问题，比如变频器更新换代后，最新型号变频器的相关书籍几乎没有。如果以品牌为例，西门子 V20 和 G120 变频器经过近几年的市场布局，已经替代了老型号；而安川 1000 系列则是 G5/G7 后的新一代产品，在风机水泵、设备控制和起重行业得到了大面积应用。这些新型号变频器的实用电路和工程调试参考资料非常少见。本书正是为了解决以上问题而编写的实用型变频器图书。

　　本书共 5 章。第 1 章在介绍通用变频器的定义和基本构成、IGBT 类型、主电路检测和主要控制方式的基础上，以西门子 V20 和 G 系列变频器、安川 1000 系列变频器为例对变频器的使用和调试进行概括性的介绍。第 2 章主要介绍了西门子 V20/G 系列和安川 1000 系列的 20 个变频器基本应用案例，如通过外部端子控制变频器的启停与调速、三线制控制的模拟量给定、四段速的 S 字加减速运行方式、双电机的切换控制等。第 3 章主要介绍了 10 个水泵和风机的变频器工程案例，如 BA 系统对 15kW 水泵的变频控制、5.5kW 水泵一用一备的变频控制、三泵恒压供水的 PLC 与变频控制、变频风机的现场与 DCS 控制等。第 4 章主要介绍了变频器在设备控制中的 6 个工程案例，包括刮泥机的变频应用、球磨机的变频应用、单面瓦楞机的变频控制、造纸涂布机的变频张力控制等。第 5 章介绍了变频器与 PLC、HMI 进行通信控制的 6 个案例，包括西门子 S7-1200 PLC 与 V20 变频器的 USS 通信、西门子 S7-1200 PLC 与 G120 变频器的 Modbus RTU 通信、西门子 S7-1500 PLC 与 A1000 变频器 PROFIBUS、PROFINET 通信等。

　　本书由浙江工商职业技术学院李方园副教授编著，采用案例解说的方式，对变频器功能的讲解深入浅出、易学易懂，理论联系实际，针对大部分工程应用阐述了工作原理、给出了具体线路图，具有很大的现实指导意义。

　　本书在编写过程中，得到了西门子公司、安川公司、宁波市自动化学会等相关人员提供的很多典型案例和维护经验，另外吕林锋、郑振杰、李霁婷、陈亚玲等参与了案例收集工作，在此一并致谢。

　　由于编者水平有限，书中难免有不足之处，敬请广大专家和读者批评指正。

编著者

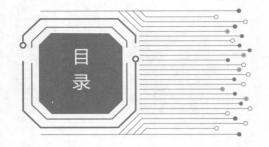

目录

第 3 章 变频器在水泵和风机控制中的工程案例 / 087

第 4 章 变频器在设备控制中的工程案例 / 133

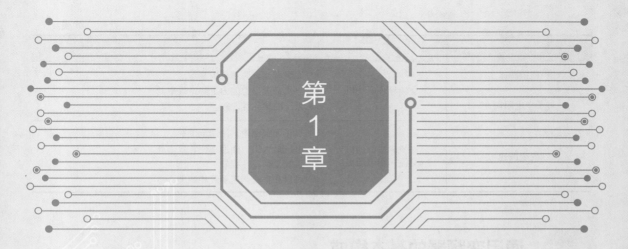

第1章

变频器概述

变频器是对交流电机（包括异步电动机和同步电动机）进行转速调节的驱动装置，具有卓越的调速性能、显著的节能作用和优秀的工艺控制方式，是广大企业进行设备技术改造和传动产品更新换代的理想装置。本章在介绍通用变频器的定义和基本构成、IGBT 类型、主电路检测和主要控制方式的基础上，以西门子 V20 和 G120 变频器、安川 1000 系列变频器为例对变频器的使用和调试进行概括性的介绍。

1.1　通用变频器

通用变频器的定义

变频器是利用电力半导体器件的通断作用将工频电源变换为另一频率的电能控制装置，它主要通过调整频率而改变电动机转速，因此也叫变频调速器。

变频器的出现，解决了交流电动机的很多调速问题，表 1-1 列举了在交流电机调速发展过程中出现的几种调速方式的对比情况。需要指出的是，在变频器出现前，交流同步电动机无法实现调速功能，因此只能在定速传动领域使用。

表 1-1　几种常见的交流电机调速方式对比

调速方式	控制对象	特点
变极调速	交流异步电动机	有级调速，最多四段速 系统简单

调速方式	控制对象	特点
调压调速	交流异步电动机	无级调速，调速范围窄 电机最大出力能力下降，效率低 系统简单，性能较差
转子串电阻调速		
变频调速	交流异步电动机 交流同步电动机	真正无级调速，调速范围宽 电机最大出力能力不变，效率高 系统复杂，性能好 可以和直流调速系统相媲美

1.1.2 通用变频器的基本构成

交流变频调速技术是强弱电混合的综合性技术，既要处理巨大电能的转换（整流、逆变），又要处理信息的收集、变换和传输，因此通用变频器无论品牌如何，其共性技术必定分成功率转换（即主电路）和弱电控制（即控制电路）两大部分。前者要解决与高压大电流有关的技术问题和新型电力电子器件的应用技术问题，后者要解决基于现代控制理论的控制策略和智能控制策略的硬、软件开发问题。

通用变频器，一般都是采用交直交的方式组成的，其基本构造如图 1-1 所示。

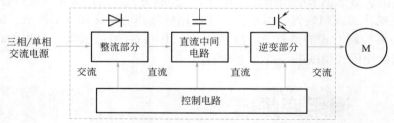

图 1-1　通用变频器的基本构造

从图 1-1 中可以看出，控制电路完成对主电路的控制，整流电路将交流电变换成直流电，直流中间电路对整流电路的输出进行平滑滤波，逆变电路将直流电再逆变成交流电。对于如矢量控制变频器这种需要大量运算的变频器来说，有时还需要一个进行转矩计算的 CPU 以及一些相应的电路。

图 1-1 的拓扑结构转化为图 1-2 所示通用变频器的主回路，具体包括交 - 直变换电路、能耗电路和直 - 交变换电路三部分。

① 交 - 直变换电路：通常又被称为电网侧变流部分或整流部分，用于把三相或单相交流电整流成直流电。常见的低压交 - 直变换电路是由二极管构成的不可控三相桥式电路或由晶闸管构成的三相可控桥式电路。

在交 - 直变换电路中，还有一个直流环节。由于逆变器的负载是异步电动机，属于感性负载，因此在中间直流部分与电动机之间总会有无功功率的交换，这种无功能量的交换一般都需要中间直流环节的储能元件（如电容或电感）来缓冲。

② 能耗电路：由于制动形成的再生能量在电动机侧容易通过续流二极管 VD7 ～ VD12

聚集到变频器的直流环节,从而使得直流母线电压急剧升高,这时候需及时通过制动环节将能量以热能形式释放或者通过回馈环节转换到交流电网中去。

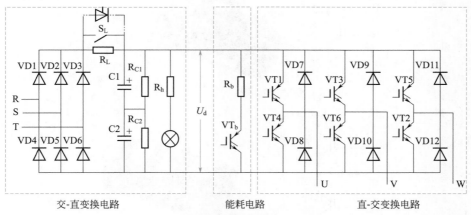

图 1-2 通用变频器的主回路

交-直变换电路　　　能耗电路　　　直-交变换电路

　　制动环节在不同的变频器中有不同的实现方式,通常小功率变频器都内置制动环节,即内置制动单元,有时还内置短时工作制的标配制动电阻;中功率段的变频器可以内置制动环节,但属于标配或选配,需根据不同品牌变频器的选型手册而定;大功率段的变频器,其制动环节大多为外置。至于回馈环节,则大多属于变频器的外置回路。

　　③ 直 - 交变换电路:通常又被称为负载侧变流部分或逆变部分,它通过不同的拓扑结构实现逆变元器件的规律性关断和导通,从而得到任意频率的三相交流电输出。

　　常见的逆变部分是由六个半导体主开关器件 VT1 ~ VT6 组成的三相桥式逆变电路。其半导体器件一般采用 IGBT,图 1-3 为 IGBT 的工作原理。

　　IGBT 是 GTR 与 MOSFET 组成的达林顿结构,一个由 MOSFET 驱动的厚基区 PNP 晶体管,R_N 为晶体管基区内的调制电阻。IGBT 的驱动原理与电力 MOSFET 基本相同,是一个场控元器件,通断由栅射极电压 u_{GE} 决定。

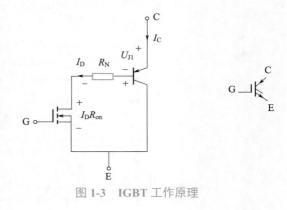

图 1-3 IGBT 工作原理

　　导通:u_{GE} 大于开启电压 u_{GE}(th) 时,MOSFET 内形成沟道,为晶体管提供基极电流,IGBT 导通。

　　导通压降:电导调制效应使电阻 R_N 减小,使通态压降变小。

　　关断:栅射极间施加反压或不加信号时,MOSFET 内的沟道消失,晶体管的基极电流被切断,IGBT 关断。

1.1.3 IGBT 的类型

　　IGBT 的类型主要有四种,包括一单元模块 [图 1-4 (a)]、单桥臂二单元模块 [图 1-4

（b）]、双桥臂四单元模块［图1-4（c）]、三相桥六单元模块［图1-4（d）]。

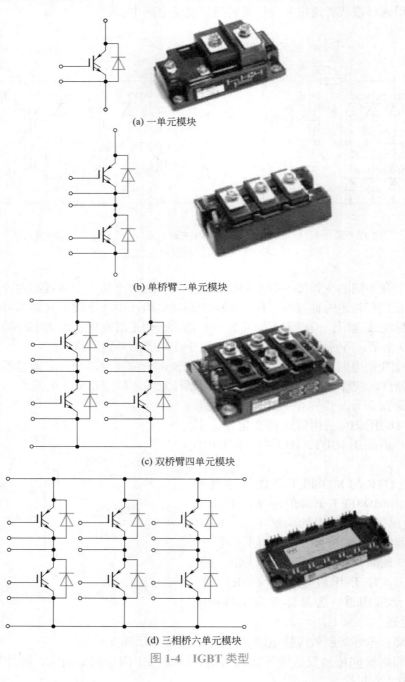

(a) 一单元模块

(b) 单桥臂二单元模块

(c) 双桥臂四单元模块

(d) 三相桥六单元模块

图1-4　IGBT类型

1.1.4 通用变频器的控制回路

现在以某通用变频器为例来介绍控制回路（图1-5），它包括以下几个部分。

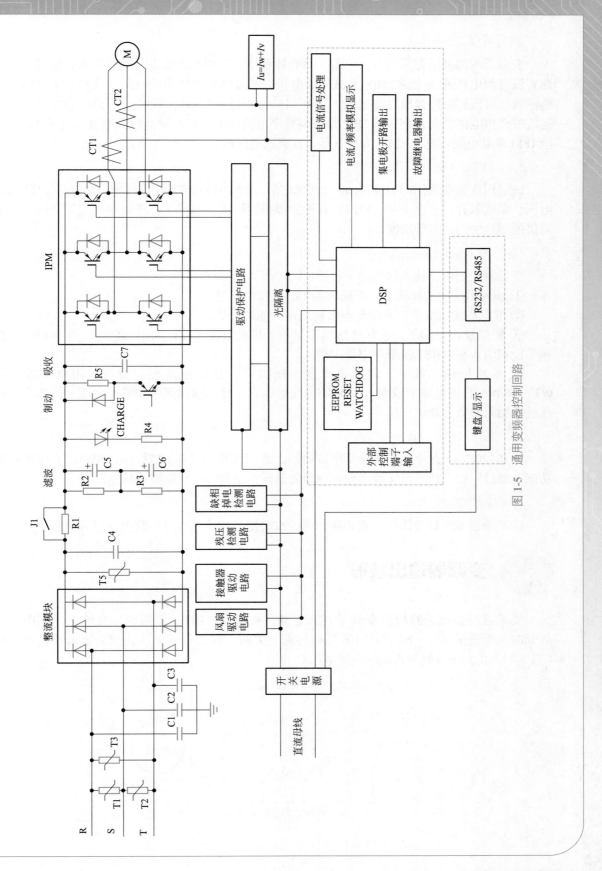

图 1-5 通用变频器控制回路

(1) 开关电源

变频器的辅助电源采用开关电源，具有体积小、效率高等优点。电源输入为变频器主回路直流母线电压或将交流 380V 整流后的电压。通过脉冲变压器的隔离变换和变压器副边的整流滤波可得到多路输出直流电压。其中 +15V 、−15V 、+5V 共地，± 15V 给电流传感器、运放等模拟电路供电，+5V 给 DSP 及外围数字电路供电。相互隔离的四组或六组 +15V 电源给 IPM 驱动电路供电。+24V 为继电器、直流风机供电。

（2）DSP（数字信号处理器）

该通用变频器采用的 DSP 为 TI 公司的产品，如 TMS320F240 系列等。它主要完成电流、电压、温度采样，六路 PWM 输出，各种故障报警输入，电流、电压频率设定信号输入，电动机控制算法的运算等功能。

（3）输入输出端子

变频器控制电路输入输出端子包括：

① 输入多功能选择端子、正反转端子、复位端子等；

② 继电器输出端子、开路集电极输出多功能端子等；

③ 模拟量输入端子，包括外接模拟量信号用的电源（12V、10V 或 5V）及模拟电压量频率设定输入和模拟电流量频率设定输入；

④ 模拟量输出端子，包括输出频率模拟量和输出电流模拟量等，用户可以选择 0/4 ~ 20mA 直流电流表或 0 ~ 10V 的直流电压表，显示输出频率和输出电流，当然也可以通过功能码参数选择输出信号。

（4）SCI 口

TMS320F240 支持标准的异步串口通信，通信波特率可达 625Kbps；同时具有多机通信功能，通过一台上位机可实现多台变频器的远程控制和运行状态监视功能。

（5）操作面板部分

DSP 通过 SPI 口与操作面板相连，完成按键信号的输入、显示数据输出等功能。

1.1.5 变频器输出波形

变频器经整流回路后就形成了直流电源，再通过 IGBT，最后输出交流电。其中逆变部分的六个开关 S1 ~ S6 像图 1-6 那样导通、关断，那么负载电压就成为矩形波交流电压（图 1-7），其大小等同于直流电压源电压。

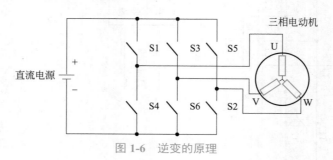

图 1-6　逆变的原理

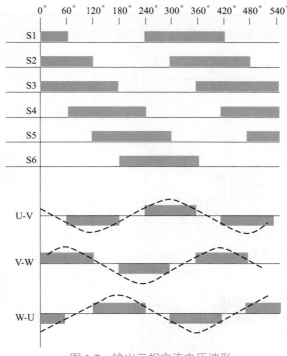

图 1-7　输出三相交流电压波形

注意

在 IGBT 导通过程中，上下桥不能同时导通，如 S1 和 S4 刚好隔半个周期出现，否则就会形成桥臂直通短路。

变频器输出电压的控制，主要有 PAM、PWM 和 SPWM 三种方式。

(1) PAM (Pulse Amplitude Modulation)

PAM 即脉幅调制，是一种通过改变电压源电压的幅值进行输出控制的方式。采用 PAM 调节电压时，高电压及低电压时的输出电压波形如表 1-2 所示。

(2) PWM (Pulse Width Modulation)

PWM 即脉宽调制，通过改变调制周期来控制其输出频率。以单极性调制为例，其输出波形正负半周对称，主电路中的 6 个 IGBT 开关器件以 S1—S2—S3—S4—S5—S6—S1 顺序轮流工作，每个开关器件都是半周工作，通、断 6 次输出 6 个等幅、等宽、等距脉冲列，另半周总处于阻断状态。

(3) SPWM (Sine Pulse Width Modulation)

SPWM 即正弦波形脉宽调制。调制的基本特点是在半个周期内，中间的脉冲宽，两边的脉冲窄，各脉冲之间等距而脉宽和正弦曲线下的积分面积成正比，脉宽基本上成正弦分布（表 1-2）。经倒相后正半周输出正脉冲列，负半周输出负脉冲列。由波形可见，SPWM 比 PWM 的调制波形更接近于正弦波。

表 1-2　逆变器的调制方式

调制方式	输出低频（或低电压）	输出高频（或高电压）
PAM		
PWM	输出电压波形　电压平均值	
SPWM	输出电压波形　电压平均值	

1.1.6　通用变频器的控制方式

通用变频器常见的控制方式有 V/f 控制、闭环 V/f 控制、无速度传感器矢量控制、闭环矢量控制。

（1）V/f 控制方式

变频器 V/f 控制的基本思想是 $U/f=C$，因此定义在频率为 f_x 时，U_x 的表达式为 $U_x/f_x=C$，其中 C 为常数，就是"压频比系数"。图 1-8 所示的就是变频器的基本运行 V/f 曲线。

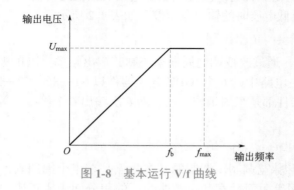

图 1-8　基本运行 V/f 曲线

由图 1-8 可以看出，当电动机的运行频率高于一定值时，变频器的输出电压不再随频率的上升而上升，则该特定值称为基本运行频率，用 f_b 表示。也就是说，基本运行频率是指变频器输出最高电压时对应的最小频率。在通常情况下，基本运行频率是电动机的额定频率，即电动机铭牌上标识的 50Hz 或 60Hz。同时与基本运行频率对应的变频器输出电压称之为最大输出电压，用 $U_{\max}$ 表示。

当电动机的运行频率超过基本运行频率 f_b 后，U/f 不再是一个常数，而是随着输出频率的上升而减少，电动机磁通也因此减少，变成"弱磁调速"状态。

（2）闭环 V/f 控制方式

闭环 V/f 控制就是在 V/f 控制方式下，设置转速反馈环节。测速装置可以是旋转编码器，也可以是光电开关，安装方式比较自由，既可以安装在电动机轴上，也可以安装在其他相关联的位置。同样，通常所说的不带转速反馈的 V/f 控制，也称之为开环 V/f 控制。

闭环 V/f 控制的速度反馈信号可以选用一相或者两相信号，一相信号如接近开关或是旋转编码器的 A 相和 B 相之一。旋转编码器是一种旋转角度的测量器件，它集机、光、电技术于一体，通过光电转换，将角位移转换成相应的电脉冲或数字信号输出。旋转编码器通常采用两个相位相差 90° 的方波的编码方式，其旋转方向由两个波形的相位差决定。旋转编码器有很多种型号，通常的速度反馈选用增量型编码器，电动机的运动速度由一定时间内编码器所产生的脉冲信号决定，脉冲信号输出即可与变频器的 PG 接口相连接，就可以进行测量。编码器的精度由旋转一周产生的方波数决定，当旋转一周可产生 2000 个方波时，每一个方波周期表示为 360°/2000，其最大的响应频率达到 100kHz 左右。

图 1-9 为旋转编码器 PG 与变频器 VF 组成的闭环 V/f 控制。图 1-9 中，PS+/PS- 为编码器的工作电源，A+ 信号为 A 相信号或 B 相信号，闭环 V/f 控制方式可以采用一相反馈或两相反馈。

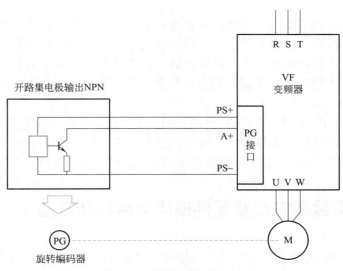

图 1-9　闭环 V/f 控制接线图

（3）无速度传感器矢量控制方式

在高性能的异步电动机矢量控制系统中，转速的闭环控制环节一般是必不可少的。通常，采用旋转编码器等速度传感器来进行转速检测，并反馈转速信号。但是，速度传感器的安装也给系统带来一些缺陷：系统的成本大大增加，精度越高的编码器价格也越贵；编码器在电动机轴上的安装存在同心度的问题，安装不当将影响测速的精度；电动机轴上的体积增大，而且给电动机维护带来一定困难，同时破坏了异步电动机简单坚固的特点；在恶劣的环境下，编码器工作的精度易受环境的影响。而无速度传感器的控制系统无需检测硬件，免去了速度传感器带来的种种麻烦，提高了系统的可靠性，降低了系统的成本；另一方面，使得系统的体积小、重量轻，而且减少了电动机与控制器的连线。因此，无速度传感器的矢量控制方式在工程应用中变得非常必要。

无速度传感器的矢量控制方式是基于磁场定向控制理论发展而来的。实现精确的磁场定向矢量控制需要在异步电动机内安装磁通检测装置，要在异步电动机内安装磁通检测装置是很困难的，但人们发现，即使不在异步电动机中直接安装磁通检测装置，也可以在通用变频器内部得到与磁通相应的量，并由此得到了无速度传感器的矢量控制方式。它的基本控制思想是根据输入的电动机的铭牌参数，按照一定的关系式分别对作为基本控制量的励磁电流（或者磁通）和转矩电流进行检测，并通过控制电动机定子绕组上电压的频率使励磁电流（或者磁通）和转矩电流的指令值和检测值达到一致，并输出转矩，从而实现矢量控制。采用矢量控制方式的通用变频器，不仅可在调速范围上与直流电动机相匹配，而且可以控制异步电动机产生的转矩。由于矢量控制方式所依据的是准确的被控异步电动机的参数，因此需要在使用时准确地输入异步电动机的参数，并对拖动的电动机进行调谐整定，否则难以达到理想的控制效果。

无速度传感器矢量控制方式的基本技术指标定义如下：速度控制精度 ±0.5%，速度控制范围 1∶100，转矩控制响应 <200ms，启动转矩 >150%/0.5Hz。其中启动转矩指标，不同品牌的变频器其性能高低有所不同，大致在 150% ～ 250% 之间。

（4）闭环矢量控制方式

闭环矢量控制方式主要用于高精度的速度控制、转矩控制、简单伺服控制等对控制性能要求严格的使用场合。在该方式下采用的速度传感器一般是旋转编码器，并安装在被控电动机的轴端，而不是像闭环 V/f 控制安装编码器或接近开关那样随意。在很多时候，为了描述上的方便，也把有闭环矢量控制方式称为有速度传感器的矢量控制或有 PG 反馈矢量控制。

闭环矢量控制方式的变频调速是一种理想的控制方式，它有许多优点：①可以从零转速起进行速度控制，即使低速也能运行，因此调速范围很宽广，可达 1000∶1；②可以对转矩实行精确控制；③系统的动态响应速度很快；④电动机的加速度特性很好；等等。

1.1.7 通用变频器主回路器件损坏常用判断方法

如何判断通用变频器的主回路器件是否损坏，这里介绍几种常见的判断方法。

（1）整流桥

对整流桥可采用万用表的二极管测量挡判断。

拆下与外部电路连接的电源线（R、S、T）和电动机线（U、V、W）；准备好万用表（使用挡位为 1Ω 电阻测量挡或二极管测量挡）；在变频器的端子排 R、S、T、U、V、W、P、N 处，交换万用表极性，测定它们的导通状态，便可判断其是否良好，具体如图 1-10 所示。

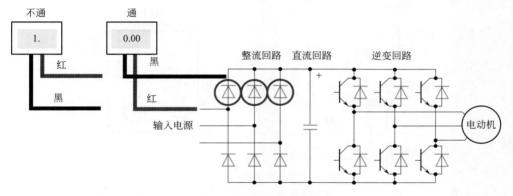

(a) 判定变频器整流回路上半桥良好的方法

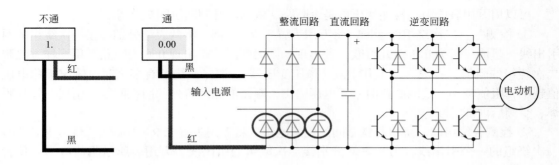

(b) 判定变频器整流回路下半桥良好的方法

图 1-10　检测整流回路

（2）电容

变频器最核心的是电解电容器，随着使用时间的增加，其电容量将逐渐降低，最终影响变频器的正常运行。电容量的测量一般应用电容电桥进行，这样可以得到准确的电容量。在没有专用仪器的情况下，可以用万用表的高阻挡估测电容器的电容量，但它只适用于大容量电容器的测量。

这里介绍一下用万用表检测电解电容器电容量的方法。首先将万用表的欧姆挡置于 R×1k 的位置，双表笔短接调零。将万用表的黑表笔接电解电容器的正极，红表笔接电解电容器的负极，如图 1-11 所示。由于原先电容器是未充电的，当两表笔刚接通电容器时，万用表内的电池通过表笔给电容器充电，由于电流流过电路，使万用表的表针发生偏转。电容量越大，表针的偏转角度越大；如果电容量较小，检测时表针的偏转角度就较小。可根据这一原理和实际检测的经验给出不同电容量所对应的表针偏转应到达的位置，判断所测电容器电容量的大小。

随着电容器充电量的增多，充电电流越来越小。如果电容器不漏电，经过一段时间后，当电容器上的电压等于电池电压时，充电电流便会减少到零，万用表的表针也会从起始偏转位置慢慢返回到阻值无穷大的位置（即出发点位置）。实际上电解电容器总是有漏电流的，表针不可能返回到出发点位置，一般认为只要表针返回时能越过 200 刻度就算漏电流很小，电容器可以使用。

测试结束后，应将电容器的两引脚短接进行放电处理，以备重新检测时不受影响。

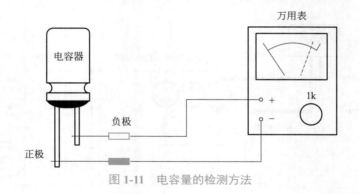

图 1-11　电容量的检测方法

（3）变压器

可以用万用表电阻挡检测变压器是否断路、依据温升判断匝间短路等。

① 检测一、二次绕组的通断。将万用表置于 R×1 挡，将两表笔分别碰接一次绕组的两引出线，阻值一般为几十至几百欧，若出现 ∞ 则为断路，若出现 0 则为短路。用同样方法测二次绕组的阻值，一般为几至几十欧（降压变压器），如二次绕组有多个时，输出标称电压值越小，阻值越小；线圈断路时，无电压输出，断路的原因有外部引线断线、引线与焊片脱焊、受潮后内部霉断等。

② 检测各绕组间、绕组与铁芯间的绝缘电阻。将万用表置于 R×10k 挡，将一支表笔接一次绕组的一个引出线，另一表笔分别接二次绕组的引出线，万用表所示阻值应为 ∞ 位置（即无穷大），若小于此值，表明绝缘性能不良，尤其是阻值小于几百欧时表明绕组间有短路故障。

用上述的方法再继续检测绕组与铁芯之间绝缘电阻（一支表笔接铁芯，另一支表笔接备绕组引出线）。检测过程如图 1-12 所示。

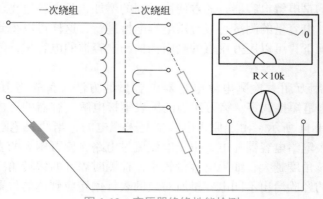

图 1-12　变压器绝缘性能检测

③ 测试变压器的二次绕阻空载电压。将变压器一次绕组接 220V 电源，将万用表置于交流电压挡，根据变压器二次绕组的标称值，选好万用表的量程，依次测出二次绕组的空载电压，允许误差一般不超出 5% ～ 10% 为正常（在一次绕组电压为 220V 的情况下），测量过程如图 1-13 所示。若出现二次电压都升高，表明一次绕组有局部短路故障；若二次绕组的某个线圈电压偏低，表明该线圈有短路之处。

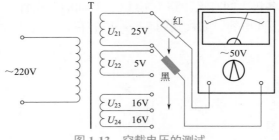

图 1-13 空载电压的测试

④ 若电源变压器出现"嗡嗡"声，可用手压紧变压器的线圈，若"嗡嗡"声立即消失，表明变压器的铁芯或线圈有松动现象，也有可能是变压器固定位置有松动。

（4）IPM 或 IGBT

对 IPM 或 IGBT 可采用万用表的二极管挡测量判断。

具体采用二极管的方法如图 1-14 所示。

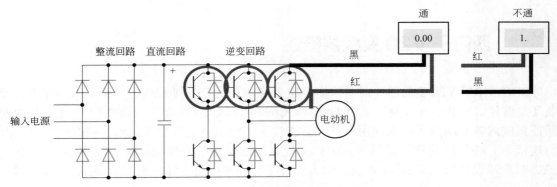

(a) 判定变频器逆变回路上半桥良好的方法

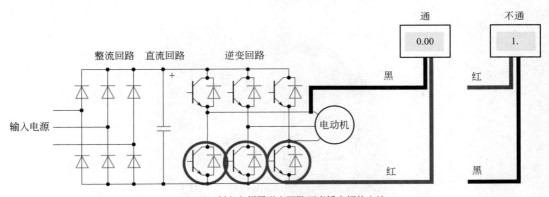

(b) 判定变频器逆变回路下半桥良好的方法

图 1-14 检测逆变回路

除此之外，还可以检测 IGBT 的触发是否有问题，图 1-15 为某品牌 IGBT 的端子示意。具体测量 IGBT 好与坏时可用万用表（只适用于指针表，如 MF500 或 MF47 型）10k 电阻挡，红表笔接 E，黑表笔接 C，用手一端按 C、一端接 G 测其触发能力。但因 IGBT 的内阻极高（MOS 管输入）所以在常态下也易受到外界干扰而自开通，这时则只需 G、C 两点短路一下即可消除；然后测一下各极之间有无短路（注意 C、E 间的二极管）。当然也可用较简便的方法，即直接测 G、E 的极间电容，如检测到有一小电容存在，就可以大致认为无损坏。

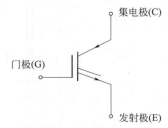

图 1-15　某品牌 IGBT 的端子示意

1.2　西门子 V20 与 G 系列变频器

1.2.1　西门子 V20 变频器概述

　　SINAMICS V20 变频器（以下简称 V20 变频器）允许并排安装，无论是采用穿墙式安装还是壁挂式安装。在控制上采用 USS 和 Modbus RTU 通信端子，同时 7.5 ～ 15kW 的变频器集成内置制动单元。在使用上，无需连接主电源即可实现参数载入，同时内置应用宏与连接宏，并且以异常不停机模式可以实现无间断运行。该变频器具有较宽的电压范围、先进的冷却设计以及涂层 PCB 板，大大提升了变频器的稳定性。图 1-16 为 V20 变频器的外观。

图 1-16　V20 变频器外观

1.2.2 西门子 V20 变频器的主电路与控制电路

西门子 V20 变频器提供了进线为 230V 或 400V 两种电压等级，具体主电路接线如图 1-17 所示。而对于不同的功率段，规格 FSA ～ FSC 即 0.37 ～ 5.5kW 需要选配制动单元后才能接制动电阻，而规格 FSD 即 7.5 ～ 15kW 则内置制动单元，直接可以连接制动电阻。

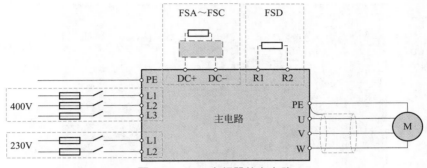

图 1-17　V20 变频器的主电路

图 1-18 为 V20 变频器的控制电路，其中数字量输入可以采用 PNP 或 NPN 方式，共 4 组；数字量输出有一个晶体管输出 DO1 和一个继电器输出 DO2；模拟量输入共 2 组，即 AI1 和 AI2；模拟量输出 1 组为 AO1；同时提供 RS485 接口一对。

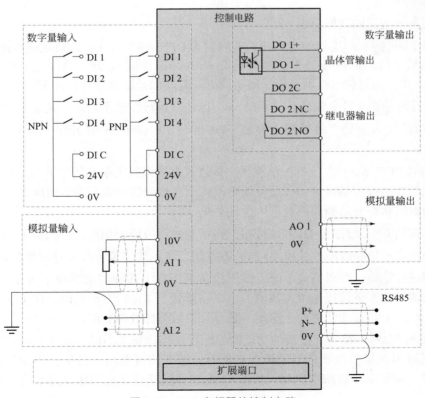

图 1-18　V20 变频器的控制电路

西门子 V20 变频器的 BOP 面板

西门子 V20 变频器内置有 BOP 面板，其外观与功能键如图 1-19 所示。

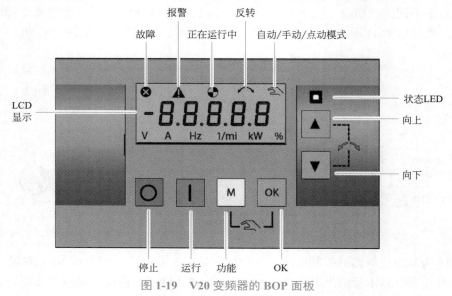

图 1-19　V20 变频器的 BOP 面板

（1）按钮介绍

以下是各个按钮的功能介绍：

① 停止按钮 ○：单击该停止按钮，变频器为 OFF1 停车方式，即负载电机按参数 P1121 中设置的斜坡下降时间减速停车。如果双击（<2s）或长按（>2s）该停止按钮，变频器为 OFF2 停车方式，即负载电机不采用任何斜坡下降时间而是按惯性自由停车。

② 运行按钮 |：若变频器在"手动"/"点动"运行模式下启动，则显示变频器运行图标，若当前变频器处于外部端子控制（P0700=2，P1000=2）并处于"自动"运行模式，该按钮无效。

③ 功能按钮 M：短按（<2s）该按钮，则进入参数设置菜单或转至下一显示画面，或就当前选项重新开始按位编辑，如在按位编辑模式下连按两次即返回编辑前画面。长按（>2s）该按钮，则返回状态显示画面或者进入设置菜单。

④ OK 按钮 OK：短按（<2s）该按钮，在状态显示数值间切换，进入数值编辑模式或换至下一位，也表示清除故障。长按（>2s）该按钮，表示快速编辑参数号或参数值。

⑤ 向上按钮 ▲：当浏览菜单时，按下该按钮即向上选择当前菜单下可用的显示画面；当编辑参数值时，按下该按钮增大数值；当变频器处于"运行"模式时，按下该按钮增大速度；长按（>2 s）该按钮快速向上滚动参数号、参数下标或参数值。

⑥ 向下按钮 ▼：跟向上按钮的功能刚好相反。当浏览菜单时，按下该按钮即向下选择当前菜单下可用的显示画面；当编辑参数值时，按下该按钮减小数值；当变频器处于"运行"模式时，按下该按钮减小速度；长按（>2s）该按钮快速向下滚动参数号、参数下标或参数值。

⑦ 组合按钮 M + OK：表示手动、点动、自动三者之间的切换，如图 1-20 所示。

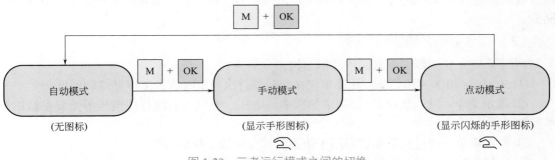

图 1-20　三者运行模式之间的切换

⑧ 组合按钮 ▲ + ▼：表示使电机反转。 按下该组合键一次启动电机反转，再次按下该组合键撤销电机反转。变频器上显示反转图标（ ↰↱ ）表明输出速度与设定值相反。

（2）状态图标

V20 变频器状态图标主要有五种，具体如下：

① 状态图标 ✖：说明变频器存在至少一个未处理故障。

② 状态图标 ⚠：说明变频器存在至少一个未处理报警。

③ 状态图标 ⊕：该图标一直点亮，表示变频器在运行中（电机转速可能为 0r/min ）；如果该图标闪烁，表示变频器可能被意外通电（例如霜冻保护模式时）。

④ 状态图标 ↰↱：表示电机反转。

⑤ 状态图标 ☟：该图标一直点亮，表示变频器处于"手动"模式；如果该图标闪烁，表示变频器处于"点动"模式。

1.2.4　西门子 V20 变频器的参数调试

（1）西门子变频器的参数

西门子各种系列变频器的参数大致类似，参数分为 P 参数（可以写入和显示的参数）和 r 参数（只读的参数）两种。参数的访问级别可以在 P0003 中进行选择，如表 1-3 所示。

表 1-3　P0003 控制参数的访问级别

访问级别	描述
0	用户自定义参数表（参见参数 P0013）
1	标准级，用来访问常用的参数
2	扩展级，例如变频器 I/O 功能
3	专家级，只适合有经验的用户访问的参数
4	维修级，认证合格的维修人员才能访问的参数

按照参数功能的不同，参数被细分为不同的参数组，这样会使参数更加明确，可以更快捷有效地找到所要找的参数。参数 P0004 就是用来对操作面板上所显示的特定参数组进行控制的。

（2）V20 变频器的菜单结构

西门子 V20 变频器主要有四种菜单结构，分别为：

① 50/60Hz 频率选择菜单：此菜单仅在变频器首次通电时或者工厂复位后可见；

② 显示菜单（默认显示）：显示诸如频率、电压、电流、直流母线电压等重要参数的基本监控画面；

③ 设置菜单：通过此菜单访问用于快速调试变频器系统的参数；

④ 参数菜单：通过此菜单访问所有可用的变频器参数。

以上四种菜单关联图如图 1-21 所示。

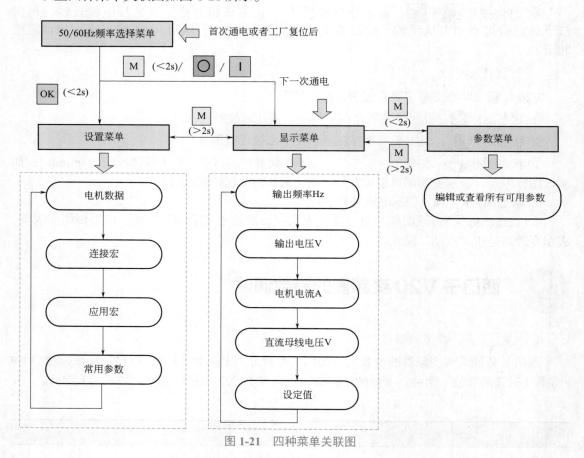

图 1-21　四种菜单关联图

（3）50/60Hz 频率选择菜单

50/60Hz 频率选择菜单仅在变频器首次开机时或工厂复位后（P0970）可见。用户可以通过 BOP 选择频率或者不做选择直接退出该菜单。在此情况下，该菜单只有在变频器进行工厂复位后才会再次显示。用户也可以通过设置 P0100 的值选择电机额定频率，如表 1-4 所示。

表 1-4   P0100 参数设置

参数	值	描述
P0100	0	电机基础频率为 50Hz（缺省值）→欧洲（kW）
	1	电机基础频率为 60Hz →美国 / 加拿大（hp）[1]
	2	电机基础频率为 60Hz →美国 / 加拿大（kW）

[1] 1hp=745.6999W。

图 1-22 为"50/60Hz 频率选择菜单"的操作步骤。

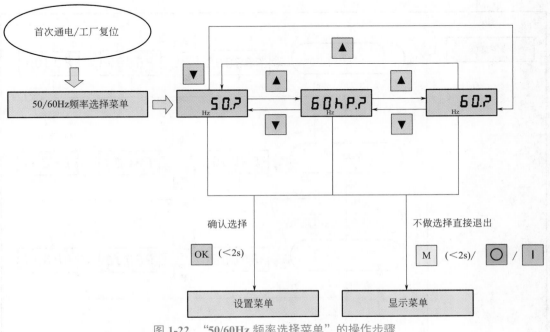

图 1-22   "50/60Hz 频率选择菜单"的操作步骤

（4）设置菜单

设置菜单将会引导用户执行快速调试变频器系统所需的主要步骤，该菜单由以下四个子菜单组成：

① 电机数据，设置用于快速调试的电机额定参数；

② 连接宏选择，选择所需要的宏进行标准接线；

③ 应用宏选择，选择所需要的宏用于特定应用场景；

④ 常用参数选择，设置必要的参数以实现变频器性能优化。

图 1-23 为"设置菜单"的操作步骤。

在电机数据中，如常见的 P0304[0] 为电机额定电压（V）、P0305[0] 为电机额定电流（A）、P0307[0] 为电机额定功率（kW 或 hp）、P0308[0] 为电机额定功率因数（$\cos\varphi$）、P0309[0] 为电机额定效率（%）、P0310[0] 为电机额定频率（Hz）、P0311[0] 为电机额定转速（r/min）、P1900 为选择电机数据识别等，具体可以参考《西门子变频器 V20 操作手册》。

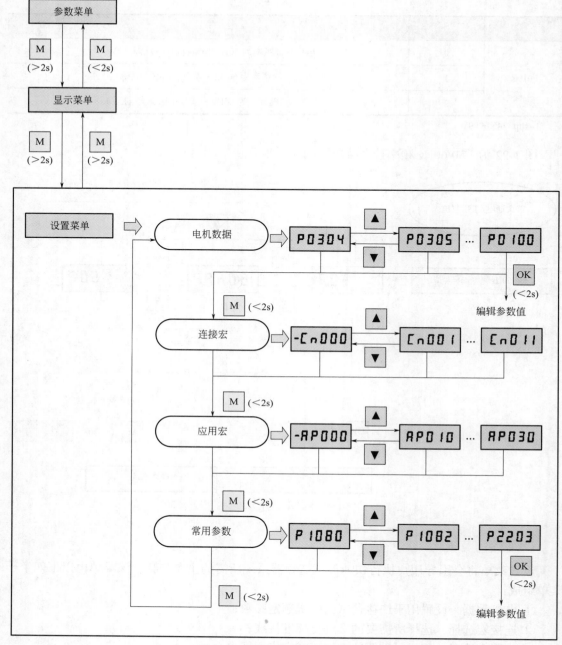

图 1-23 "设置菜单"的操作步骤

　　连接宏是西门子 V20 变频器一个非常有特色的功能，它为变频器工程的典型应用提供了快速接线和参数设置的可能性，表 1-5 为参数 P0717 的具体连接宏数值。当调试变频器时，连接宏设置为一次性设置。在更改上次的连接宏设置前，务必执行以下操作：先对变频器进行工厂复位（P0010=30，P0970=1），然后重新进行快速调试操作并更改连接宏。如未执行上述操作，变频器可能会同时接受更改前后所选宏对应的参数设置，从而可能导致变频器非正常运行。

表 1-5　连接宏数值

连接宏	描述
Cn000	出厂默认设置。不更改任何参数设置
Cn001	BOP 为唯一控制源
Cn002	通过端子控制（PNP/NPN）
Cn003	固定转速
Cn004	二进制模式下的固定转速
Cn005	模拟量输入及固定频率
Cn006	外部按钮控制
Cn007	外部按钮与模拟量设定值组合
Cn008	PID 控制与模拟量输入参考组合
Cn009	PID 控制与固定值参考组合
Cn010	USS 控制
Cn011	Modbus RTU 控制

在电机数据、连接宏之后，便是应用宏选择。西门子 V20 变频器的每个应用宏均针对某个特定的应用提供一组相应的参数设置。在选择了一个应用宏后，变频器会自动应用该宏的设置从而简化调试过程。参数 P0507 的应用宏参数缺省值为"AP000"（表 1-6），即应用宏 0。如果用户的应用不在下列定义的应用之列，请选择与用户的应用最为接近的应用宏，并根据需要做进一步的参数更改。

表 1-6　应用宏数值

应用宏	描述
AP000	出厂默认设置。不更改任何参数设置
AP010	普通水泵应用
AP020	普通风机应用
AP021	压缩机应用
AP030	传送带应用

最后一步，就是设置常用参数。这些常用参数有 P1080[0] 最小电机频率、P1082[0] 最大电机频率、P1120[0] 斜坡上升时间、P1121[0] 斜坡下降时间、P1058[0] 正向点动频率、P1060[0] 点动斜坡上升时间、P1001[0] 固定频率设定值 1、P1002[0] 固定频率设定值 2、P1003[0] 固定频率设定值 3 等。

1.2.5　西门子 G 系列变频器概述

在工业应用中，西门子 SINAMICS G 系列变频器（以下简称 G 系列变频器）展示了非凡的技术功能性，其功率范围为 0.12 ～ 2700kW，它有 G120、G130、G150 等分系列产品。

（1）G120 变频器

西门子 G120 变频器是一种包含各种功能单元的模块化变频器系统，主要有控制单元（CU）和电源模块（PM），如图 1-24 所示。其中 CU 在多种可以选择的操作模式下对 PM 和连接的电机进行控制和监视。通过控制单元，可与本地控制器以及监视设备进行通信。电源模块的功率范围为 0.37 ～ 250kW。G120 变频器可在汽车、纺织、印刷、化工等领域以及一般高级应用（如输送应用）中使用。

(a) 电源模块　　　　　　　　　　　　　(b) 控制模块

图 1-24　G120 变频器

（2）G130 变频器

G130 变频器提供了高性能大功率单电机驱动的通用解决方案，其功率涵盖 75 ～ 800kW，其硬件构成与 G120 变频器相同。可以应用在各种风机、泵类和压缩机、带式输送机、粉碎机、搅拌机、回转炉、挤压机等重载设备中。

（3）G150 变频器

G150 变频器为高性能单机驱动变频柜，功率涵盖 75 ～ 2700kW，特别适用于针对恒转矩负载、平方转矩负载、高性能要求但无需再生反馈的传动应用场合。

1.2.6　西门子 G120 变频器的安装与调试

（1）G120 变频器的安装与接线

G120 变频器的控制单元与功率模块是分开的，可以按照图 1-25 进行拆卸与安装。

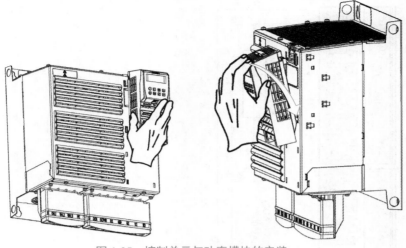

图 1-25　控制单元与功率模块的安装

　　如图 1-26 所示，在 G120 变频器中，所有型号的 CU240 控制单元的接线端子接好线后，仍可以将端子块分别从变频器接线母板上拆下来。这样，在热插拔的方式下进行同型号的控制单元的更换时，就可以不需要再重新接线。

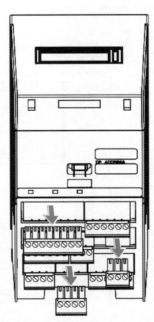

图 1-26　组合式接线端子的拆卸（以 CU240S DP 为例）

　　图 1-27 是基于工厂设定的 CU240S 控制单元接线，具体接线说明如下：
　　① 运行停止命令：可以由数字输入 0 和 5 号端子给出。
　　② 频率设定值：所需的频率设定值可以通过在 3 和 4 号端子的模拟量输入端连接一个电位器来完成。
　　③ 反转：反转可以通过数字输入 1 和 6 号端子来实现。

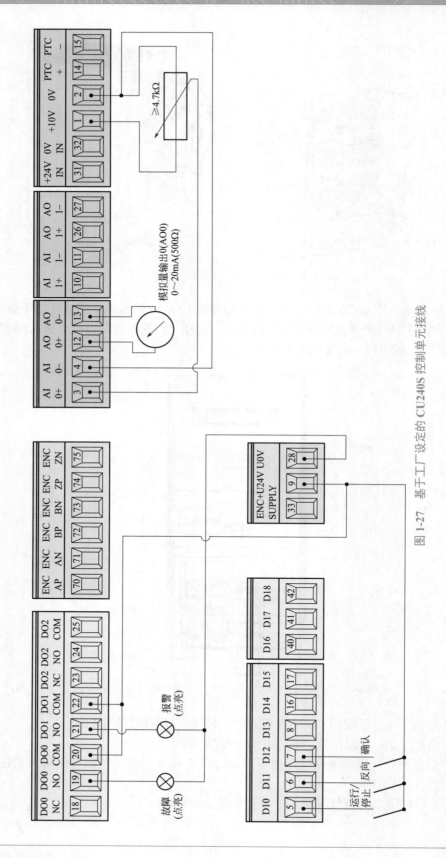

图 1-27 基于工厂设定的 CU240S 控制单元接线

④ 故障确认（Ack）：变频器的故障确认可以由数字量输入 2 和 7 号端子来完成。这样就可以将故障信号复位。

⑤ 输出频率：实际的输出频率可以通过 12 和 13 号端子的模拟量输出进行显示。

⑥ 故障：通过继电器输出 1（RL1）的 19 和 20 号端子可以指示故障状态。例如接一个小灯泡，当它点亮时则表示有故障发生。

⑦ 报警：通过继电器输出 2（RL2）的 21 和 22 号端子可以指示报警状态。例如接一个小灯泡，当它点亮时则表示有报警发生。

G120 变频器能通过接线端子实现频率的主辅设定，以电压输入为例（图 1-28），AI0 和 AI1 为电压信号输入，这种接线方式通过在模拟量输入 AI0 和 AI1 上加装电位器，达到使频率的设定由一个主设定值和一个附加设定组合的目的。另外把 DIP 开关 1 和 2 设置到 OFF 位置。

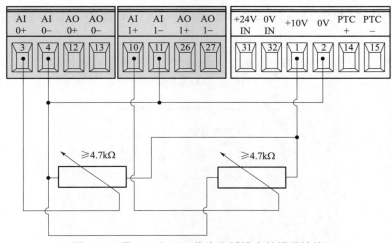

图 1-28　用 AI0 和 AI1 作为主辅设定的端子接线

（2）G120 变频器的参数设置

G120 变频器参数数量比较多，可以在 P0004 中进行相应设置，如表 1-7 所示。

表 1-7　参数属性（参数组）

参数组		描述	主要的参数号
常规	0	所有参数	
变频器	2	变频器参数	0200 ~ 0299
电机	3	电机参数	0300 ~ 0399 和 0600 ~ 0699
编码器	4	速度编码器	0400 ~ 0499
技术应用	5	技术应用 / 单元	0500 ~ 0599
命令	7	控制命令，数字 I/O	0700 ~ 0749 和 0800 ~ 0899
端子	8	模拟量输入 / 输出	0750 ~ 0799
设定值	10	设定值通道和斜坡发生器功能	1000 ~ 1199

参数组		描述	主要的参数号
安全保护功能		安全保护	9000～9999
变频器功能	12	变频器功能	1200～1299
电机控制	13	电机开环/闭环控制	1300～1799
通信	20	通信功能	2000～2099
报警	21	故障，报警，监控功能	2100～2199
PID 控制器	22	过程控制器	2200～2399

图 1-29 为 G120 变频器的 OP，即操作面板，其上的按钮含义与 V20 变频器基本一致，其中 FN 按钮与 V20 变频器的功能按钮 M 一致、P 按钮与 V20 变频器的功能按钮 OK 一致。

图 1-29　G120 变频器的 OP（操作面板）

（3）G120 变频器的快速调试

G120 变频器提供了快速调试，即 P0010=1，以下是快速调试的基本流程。

① P0100 欧洲、北美输入电机频率。

0：欧洲（kW），电源频率 50Hz；1：北美（hp），电源频率 60Hz；2：北美（kW），电源频率 60Hz。

② P0205 变频器的应用（输入负载的类型）。

0：重载（例如压缩机、过程机械等）；1：轻载（例如水泵和风机等）。

③ P0300 选择电机类型。

1：异步电机；2：同步电机（说明：仅可采用 V/f 控制即 P1300 < 20）。

④ 电机铭牌参数（与 V20 变频器大致相同）。

P0304 额定的电机电压、P0305 额定的电机电流、P0307 额定的电机功率、P0308 额定的电机功率因数、P0309 额定的电机效率、P0310 额定的电机频率、P0311 额定的电机转速、P0314 电机的极对数。

⑤ 电机其他参数。

P0320 电机的磁化电流、P0335 电机的冷却方式、P0400 选择编码器类型、P0408 编码器每转的脉冲数、P0500 选择技术要求上的应用场合（重载为 0，轻载为 1）、P0610 电机 I^2t 过温的响应、P0625 电机环境温度、P0640 电机的过载因子。

⑥ P0700 命令源的选择。

0：工厂默认设置；1：OP（操作面板）；2：接线端子（CUS240S 默认为此设置）；4：RS232 口上的 USS；5：RS485 口上的 USS；6：现场总线（CUS240S DP 和 CUS240S DP-F 默认为此设置）。

⑦ P0727 确定由端子控制时所采用的信号类型，即 2/3 线制的选择。

⑧ P1000 设定值来源的选择。

0：无主设定值；1：MOP 设定值；2：模拟量设定值（CUS240S 默认为此设置）；3：固定频率；4：RS232 口上的 USS；5：RS485 口上的 USS；6：现场总线（CUS240S DP 和 CUS240S DP-F 默认为此设置）；7：模拟量设定值 2。

⑨ 变频器频率曲线参数设置。

P1080 最小频率、P1082 最大频率、P1120 上升斜坡时间、P1121 下降斜坡时间、P1135 OFF3 下降斜坡时间。

⑩ P1300 变频器控制方式。

0：线性的 V/f 控制；1：基于 V/f 的 FCC 控制；2：抛物线的 V/f 控制；3：可编程的 V/f 控制；20：无传感器的矢量控制；21：有传感器的矢量控制；22：无传感器的转矩控制。

⑪ P1500 转矩设定值选择。

⑫ P3900 结束快速调试。

0：放弃快速调试（不进行电机参数计算）；1：进行电机参数计算并将在快速调试中未被修改的参数复位为出厂设置；2：进行电机参数计算并将 I/O 参数设置复位为出厂设置；3：只进行电机参数计算——其余参数不进行复位。

说明

如果 P3900=1、2 或 3，那么 P0340 将被设置为 1 并且 P1082 中的值将被复制到 P2000 中，并计算出合适的电机参数。

除了"快速调试"之外，还应该进行"电机参数识别"和在矢量控制方式（P1300= 20/21）下进行"速度控制优化"，这两个过程需要运行（ON）命令进行电机参数识别。

安川是业内知名的变频器供应商，推出了首个商用化三电平变频器 G7 系列，最新 1000
系列变频器则是 G7/F7 等系列之后的新款。

（1）A1000 变频器

安川 A1000 变频器具有超群的电机驱动性能，实现了所有电机的控制，不管是感应电
机还是同步电机都可以通用，可以通过参数设定，切换感应电机和同步电机；它具有全新的
转矩特性，即使无传感器也能做到零速高转矩。图 1-30（a）为 A1000 变频器外观。

(a) A1000

(b) J1000

(c) V1000

图 1-30　安川 1000 系列变频器外观

安川 A1000 变频器是功能高度融合的电流矢量控制通用变频器。其容量范围：200V 级

$0.4 \sim 110$kW；400V 级 $0.4 \sim 355$kW。它的应用领域为升降机械、流体机械、金属加工机械、搬运机械等。

（2）H1000 变频器

安川 H1000 变频器为重负载变频器，其容量范围为 400V 级 $0.4 \sim 560$kW，广泛适用于升降机械、卷绕机械、金属加工机械、搬运机械等。

（3）J1000 变频器

安川 J1000 变频器为小型、高可靠性通用变频器，其容量范围：200V 级 $0.1 \sim 5.5$kW；400V 级 $0.2 \sim 5.5$kW。图 1-30（b）为 J1000 变频器外观。

（4）V1000 变频器

安川 V1000 变频器为小型通用矢量变频器，其最大功率可达 18.5kW。图 1-30（c）为 V1000 变频器外观。

（5）L1000A 变频器

安川 L1000A 为电梯专用变频器，融合了高性能电流矢量控制和绝对值编码器的应用，实现高性能无传感器的启动转矩补偿功能，使电梯乘坐更加舒适。无论是驱动感应电机还是驱动同步电机都能进行停止形自学习，内置电梯专用时序，可拆卸式端子盘，使得调试、维护更加简单方便；同时具有自动转矩提升功能，满足电梯各种过负载试验。

1.3.2 安川 A1000 变频器的控制模式

使用 A1000 变频器，可从七种控制模式中选择符合要求的控制模式（表 1-8 和表 1-9），主要应用于感应电机和永磁同步（PM）电机。每一种控制模式下都有相对应的参数设定、主要用途、PG 选购卡、速度控制范围、速度控制精度、速度响应、启动转矩等。

表 1-8　A1000 变频器应用于感应电机的控制模式

控制模式	无 PG V/f 控制	带 PG V/f 控制	无 PG 矢量控制	带 PG 矢量控制
控制对象电机	感应电机			
参数设定	A1-02=0	A1-02=1	A1-02=2（出厂设定）	A1-02=3
基本控制	V/f 控制	带有利用 PG 进行速度补偿的 V/f 控制	无 PG 电流矢量控制	带 PG 电流矢量控制
主要用途	所有变速用途，尤其是多电机用途（1 台变频器上连接多台电机的用途）	机械侧用 PG 的高精度速度控制	所有变速电机，电机侧无 PG 时需要高性能、高功能的用途	电机侧带 PG 的超高性能控制，例：高精度速度控制、转矩控制、转矩限制
PG 选购卡	不需要	需要（PG-B3 或 PG-X3）	不需要	需要（PG-B3 或 PG-X3）

控制模式		无 PG V/f 控制	带 PG V/f 控制	无 PG 矢量控制	带 PG 矢量控制
基本性能	速度控制范围	1：40	1：40	1：200	1：1500
	速度控制精度	±（2%～3%）	±0.03%	±0.2%	±0.02%
	速度响应	约 3Hz	约 3Hz	10 Hz 以上	50Hz 以上
	启动转矩	150%/3Hz	150%/3Hz	200%/0.3Hz	200%/0Hz

表 1-9　A1000 变频器应用于 PM 电机的控制模式

控制模式		PM 用无 PG 矢量控制	PM 用无 PG 高级矢量控制	PM 用带 PG 矢量控制
控制对象电机		PM 电机		
参数设定		A1-02=5	A1-02=6	A1-02=7
基本控制		PM 用无 PG 电流矢量控制（无速度控制器）	PM 用无 PG 电流矢量控制（带速度控制器）	PM 用带 PG 电流矢量控制（带速度控制器）
主要用途		SPM 电机、IPM 电机的变速控制，但不需要高响应性及精确速度控制的用途	IPM 的变速控制，并且需要精确速度控制及转矩限制功能的用途	电机侧带 PG 的 PM 电机的超高性能控制，例：转矩控制、转矩限制
PG 选购卡		不需要	不需要	需要（PG-X3）
基本性能	速度控制范围	1：20	1：20 1：100<3>	1：1500
	速度控制精度	±0.2%	±0.2%	±0.02%
	速度响应	10Hz 以上	10Hz 以上	50Hz 以上
	启动转矩	100%/5%速度	100%/5%速度 200%/0Hz	200%/0Hz

1.3.3　安川 A1000 变频器的操作面板

图 1-31 为 A1000 变频器的操作面板。其按钮和显示部分说明如下：

① ESC 键 ESC：返回上一画面，或将设定参数编号时需要变更的位向左移；如果长按不放，可以从任何画面返回到频率指令画面。

② RESET 键 ＞RESET：设定参数的数值等时，将需要变更的位向右移；检出故障时变为故障复位键。

③ RUN 键 ◇RUN：使变频器运行。

④ 向上键 ∧：切换画面，或变更（增大）参数编号和设定值。

⑤ 向下键 ∨：切换画面，或变更（减小）参数编号和设定值。

⑥ STOP 键 ⊘STOP：使运行停止。

⑦ ENTER 键 ⏎ENTER：确定各种模式、参数、设定值时按该键，或者要进入下一画面时使用。

⑧ LO/RE 选择键 LO/RE：对用操作面板运行（LOCAL）和用外部指令运行（REMOTE）进行切换时按该键。

⑨～ ⑭ 表示指示灯，分别是运行指示、LOCAL 指示、报警指示、输出频率显示、驱动模式或自学习指示、反转指示。

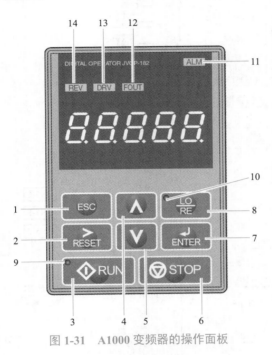

图 1-31　A1000 变频器的操作面板

安川 A1000 变频器的标准接线

图 1-32 为 A1000 变频器的标准接线示意。在接线过程中，需要注意以下几点：

① 安装 DC 电抗器（选购件）时，请务必拆下 +1、+2 端子间的短接片，除了有些型号的变频器内置有 DC 电抗器。

② 如果负载为自冷电机，无需对冷却风扇电机进行接线。

③ 无 PG 控制时，无需对 PG 回路进行接线（PG-B3 选购卡的接线）。

④ 利用共发射极 / 共集电极设定用跳线 S3 来设定共发射极 / 共集电极（内部电源 / 外部电源），其中出厂设定为共发射极模式（内部电源）。

⑤ 控制回路端子的 +V、-V 电压的输出电流容量最大均为 20mA，请勿使控制回路端子 +V、-V 的 AC 间短路或者超容量使用，否则都会导致误动作或故障。

⑥ 端子 A2 可以通过拨动开关 S1 来选择电压指令输入或电流指令输入。

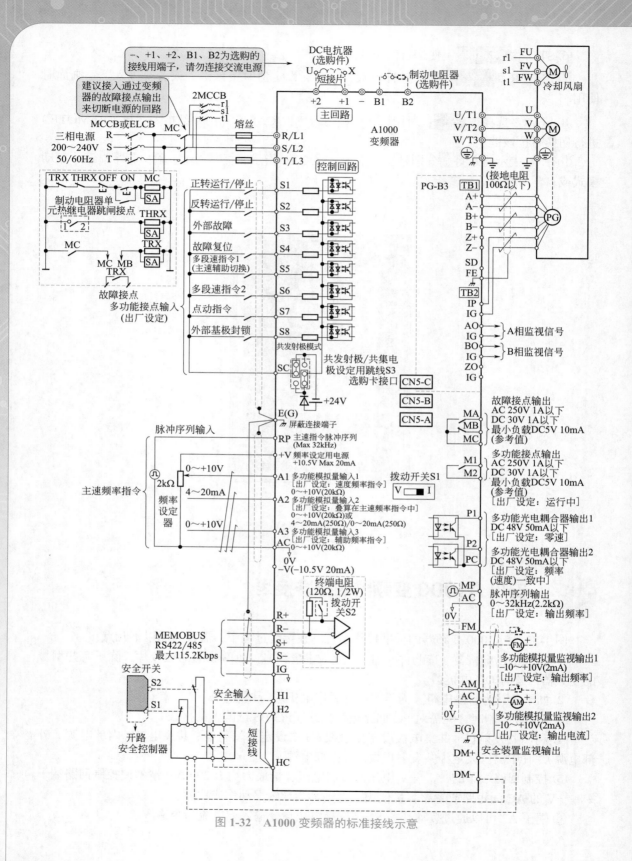

图 1-32　A1000 变频器的标准接线示意

1.3.5 安川 A1000 变频器在空载状态下的试运行

A1000 变频器使用操作面板时的操作步骤如下：

① 接通电源，显示初始画面。

② 按 ，选择 LOCAL。LO/RE 指示灯点亮。

③ 按操作器的 ⟨⟩RUN，运行变频器。RUN 指示灯点亮，电机以 6Hz 正转（由参数 d1-01 频率指令来决定）。

④ 确认电机以正确的方向旋转，且变频器无故障显示。

⑤ 步骤④中若无故障，则请按 ∧，提高频率指令值。变更设定值时，请一边确认响应性，一边以 10Hz 为单位进行变更。每提高一次设定值，请通过操作面板确认输出电流（U1-03），确保电流不超出电机额定电流。例：6Hz → 60Hz。

⑥ 确认完毕后，按 ⊘STOP，停止运行。RUN 指示灯闪烁，完全停止后熄灭。

1.3.6 安川 A1000 变频器的主要参数

(1) b1-01 频率指令选择

选择在 REMOTE 模式时输入频率指令的方法，包括 0：操作面板；1：控制回路端子（模拟量输入）；2：MEMOBUS 通信；3：选购卡；4：脉冲序列输入。

最常见的是控制回路端子输入，分为电压和电流输入两种。端子 A1、A2、A3 均可输入电压信号。关于设定的详细内容，请参照表 1-10。图 1-33 为端子 A1 的电压输入设定示例。使用端子 A2、A3 时，所有的模拟量输入请均按照图 1-32 进行接线。向端子 A2 输入电压时，请将拨动开关 S1 设定在 V 侧（电压）。

表 1-10　端子 A1/A2/A3 的设定

端子	信号电平	参数设定			
		信号电平选择	功能选择	增益	偏置
A1	0 ~ 10V	H3-01=0	H3-02=0（主速频率指令）	H3-03	H3-04
	−10 ~ 10V	H3-01=1			
A2	0 ~ 10V	H3-09=0	H3-10=0（主速频率指令）	H3-11	H3-12
	−10 ~ 10V	H3-09=1			
A3	0 ~ 10V	H3-05=0	H3-06=0（主速频率指令）	H3-07	H3-08
	−10 ~ 10V	H3-05=1			

以电流的形式输入频率指令时，请使用端子 A2，如图 1-34 所示。关于设定的详细内容，请参照表 1-11。输入电流信号时，请将拨动开关 S1 设定在 I 侧（电流）。

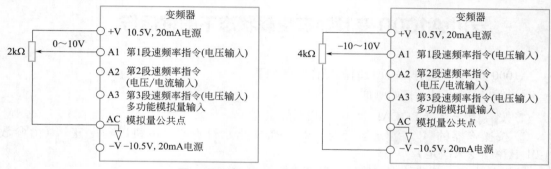

图 1-33 端子 A1 的电压输入设定示例

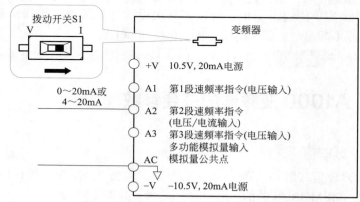

图 1-34 端子 A2 的电流输入设定示例

表 1-11 频率指令的电流输入

端子	信号电平	参数设定			
		信号电平选择	功能选择	增益	偏置
A2	4 ～ 20mA	H3-09=2	H3-10=0	H3-11	H3-12
	0 ～ 20mA	H3-09=3			

（2）b1-02 运行指令选择

该参数包括 0：操作面板；1：控制回路端子（包括二线制顺控 1、二线制顺控 2、三线制顺控）；2：MEMOBUS 通信；3：选购卡。

（3）b1-03 停止方法选择

选择解除运行指令时或输入停止指令时的变频器的停止方法，包括 0：减速停止；1：自由运行停止；2：全域直流制动（DB）停止；3：带定时的自由运行停止。

1.3.7 安川 J1000 变频器概述

J1000 变频器适用在小功率电机负载上，其接线和参数设置与 A1000 变频器基本类似，但是功能要少得多，图 1-35 为 J1000 变频器的标准连接示意。

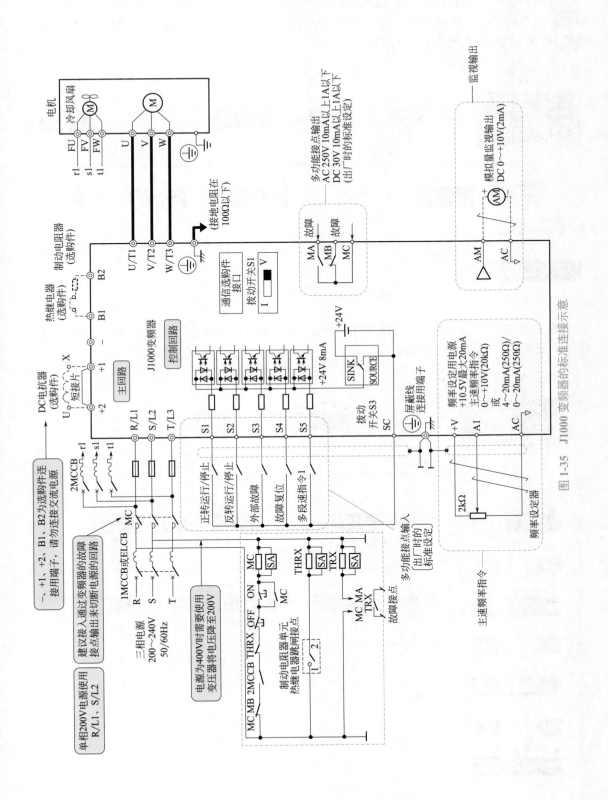

图 1-35　J1000 变频器的标准连接示意

J1000 变频器的操作面板与 A1000 变频器的类似，在此不再赘述。图 1-36 为驱动模式下频率指令的设定，即将频率指令设定为 LOCAL 选择（LED 操作面板），将频率指令的初始值 F0.00（0Hz）变更为 F6.00（6Hz）。

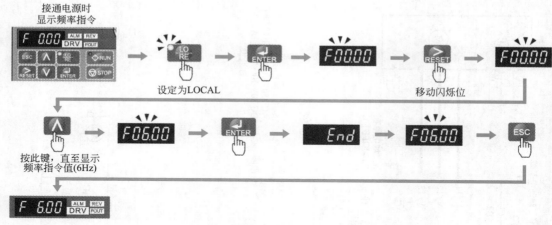

图 1-36　驱动模式下频率指令的设定

图 1-37 为通用设定模式下的键操作示例，即将 b1-01（频率指令选择）从 1（控制回路端子）变更为 0（LED 操作面板）。

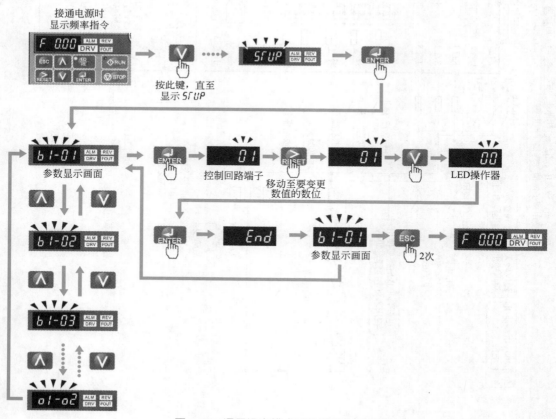

图 1-37　通用设定模式下的键操作示例

表 1-12 为通用设定模式下的参数一览表，这些参数也是最常见的变频器运行参数。

表 1-12　通用设定模式下的参数一览表

参数	名称	参数	名称
b1-01	频率指令选择	d1-17	点动频率指令
b1-02	运行指令选择	E1-01	输入电压设定
b1-03	停止方法选择	E1-04	最高输出频率
C1-01	加速时间 1	E1-05	最大电压
C1-02	减速时间 1	E1-06	基本频率
C6-01	ND/HD 选择	E1-09	最低输出频率
C6-02	载波频率选择	E2-01	电机额定电流
d1-01	频率指令 1	H4-02	多功能模拟量输出端子 AM 输出增益
d1-02	频率指令 2	L1-01	电机保护功能选择
d1-03	频率指令 3	L3-04	减速中防止失速功能选择
d1-04	频率指令 4		

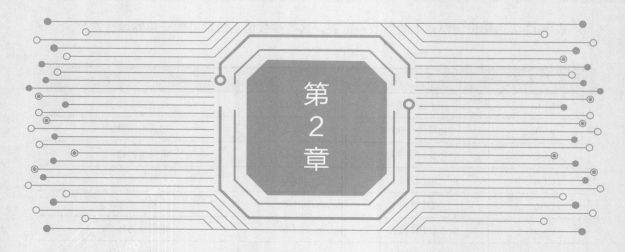

第 2 章

变频器基本应用案例

变频调速系统一般都是应用于电力传动的，主要是由变频器、电动机和工作机械等装置组成的机电系统。变频传动的任务就是使电动机实现由电能向机械能的转换，完成工作机械启动、运转、调速、制动工艺作业的要求。变频器基本应用要解决两个问题，即频率给定方式和运行指令方式。所谓频率给定方式，就是调节变频器输出频率的具体方法，也就是提供给定信号的方式。而变频器的运行指令方式是指如何控制变频器的基本运行功能，这些功能包括启动、停止、正转与反转、正向点动与反向点动、复位等。本章介绍了 20 个变频器基本应用案例。

2.1 西门子 V20 变频器的基本应用 ⟨

【案例 1】 通过外部端子控制变频器的启停与调速

视频讲解

（1）工程案例说明

变频器在工程应用中，最简单的一种是利用操作面板来进行启停与调速。操作面板的最大特点就是方便实用，同时又能起到故障报警作用，即能将变频器是否运行、故障或报警都告知给用户，因此用户无需配线就能真正了解到变频器是否确实在运行中、是否报警（过载、超温、堵转等）以及通过 LED、LCD 显示得知故障类型。

但是在实际运行中，由于现场环境恶劣，操作面板会经常损坏，从而影响了生产；还有一种情况，由于操作人员不了解参数设定，会造成变频器参数的更改，从而也会造成生产的异常停机。为此，很多变频器应用现场，都要求采用图 2-1 所示的变频器外部控制方式：外接电位器来调节电机运行频率，通过开关或按钮来启停变频器。

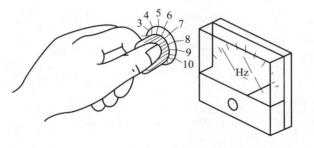

图 2-1　变频器的外部控制方式

下面以西门子 V20 变频器为例进行设计。

（2）电气硬件设计

图 2-2 为 V20 变频器的外部端子控制方式。在该电路中，需要注意以下几点：

① 很多变频器的启停都有 PNP 和 NPN 两种控制方式，两者在参数设置上均相同，唯一不同的是数字量输入公共端子的连接不同，PNP 为接 24V，而 NPN 则接 0V。图 2-2 为 PNP 型，图 2-3 则为 NPN 型。

② 外接电位器是最常见的一种频率给定方式，常见的阻值为 2.2 ～ 10kΩ。如果外接电位器的电源来自变频器本身，如图 2-2 中的 10V 电源，则电位器外接线建议小于 10m。如果需要长度超过 10m，则必须采用独立的直流电源。

③ 通常在端子控制中，需要外接指示灯来告知变频器运行、故障状态，本案例 DO1 的晶体管输出为运行指示灯，DO2 为故障指示灯。一旦变频器故障，可以通过 DI3 端子输入来进行故障复位。

④ 在外部端子控制中，变频器的操作面板通常可以不在柜子表面，通过 AO 输出直流电流（0 ～ 20mA）给转速表，就能明确地知道负载电机的运行速度。

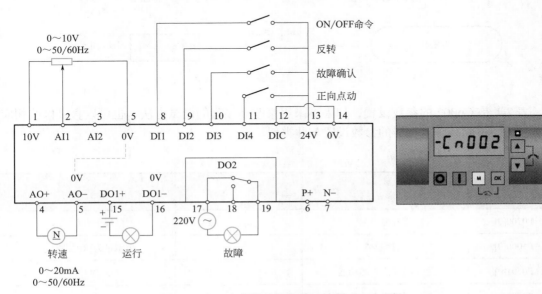

图 2-2　V20 变频器的外部端子控制（PNP 型）

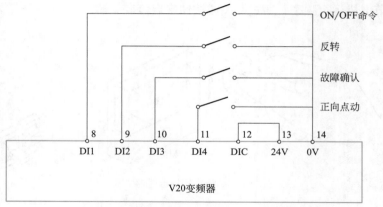

图 2-3　V20 变频器的数字量 NPN 控制

（3）变频器参数设置

修改西门子 V20 变频器的连接宏是非常方便的参数调试方法，而且本案例也恰恰是连接宏 Cn002，因此可以直接进行修改，如图 2-4 所示。

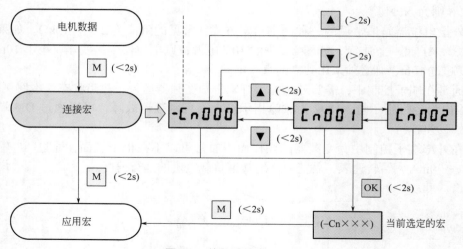

图 2-4　修改连接宏 Cn002

表 2-1 是 Cn002 的参数设置，如果不采用修改连接宏的调试方法，也可以直接修改相应的参数值。不同品牌变频器的参数设置与此类似。

表 2-1　V20 变频器连接宏 Cn002 的参数设置

参数	描述	工厂缺省值	Cn002 默认值	备注
P0700[0]	选择命令源	1	2	以端子为命令源
P1000[0]	选择频率	1	2	模拟量为速度设定值
P0701[0]	数字量输入 1 的功能	0	1	ON/OFF 命令
P0702[0]	数字量输入 2 的功能	0	12	反向

参数	描述	工厂缺省值	Cn002 默认值	备注
P0703[0]	数字量输入 3 的功能	9	9	故障确认
P0704[0]	数字量输入 4 的功能	15	10	正向点动
P0771[0]	CI：模拟量输出	21	21	实际频率（Hz）
P0731[0]	BI：数字量输出 1 的功能	52.3	52.2	变频器正在运行
P0732[0]	BI：数字量输出 2 的功能	52.7	52.3	变频器故障激活

视频讲解

【案例 2】　三种固定转速的变频控制

（1）工程案例说明

变频器能够实现无级调速，但是在一些特定的场合，比如行车控制、自动扶梯控制、搅拌机控制等，它们只需要几种固定的速度即可，最常见的莫过于高速、中速和低速，即三种固定转速的变频控制。

变频器的三种固定转速控制跟调压调速不同，尽管两者都是非连续调速，但是变频器可以自由设定转速（即频率），而后者则无法实现自由调速。

（2）电气硬件设计

图 2-5 为 V20 变频器三种固定转速的变频控制，即通过 DI2、DI3 和 DI4 的开关选择来实现。

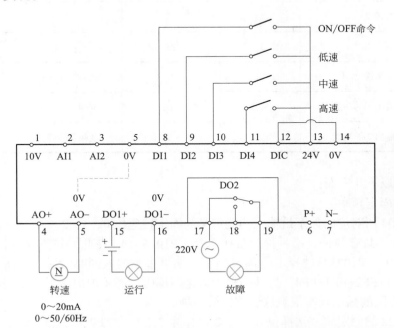

图 2-5　V20 变频器三种固定转速的变频控制

（3）变频器参数设置

三种固定转速的变频控制可由西门子 V20 变频器的 Cn003 连接宏来实现，具体参数设置如表 2-2 所示。

表 2-2　V20 变频器连接宏 Cn003 的参数设置

参数	描述	工厂缺省值	Cn003 默认值	备注
P0700[0]	选择命令源	1	2	以端子为命令源
P1000[0]	选择频率	1	3	固定频率
P0701[0]	数字量输入 1 的功能	0	1	ON/OFF 命令
P0702[0]	数字量输入 2 的功能	0	15	固定转速位 0
P0703[0]	数字量输入 3 的功能	9	16	固定转速位 1
P0704[0]	数字量输入 4 的功能	15	17	固定转速位 2
P1016[0]	固定频率模式	1	1	直接选择模式
P1020[0]	BI：固定频率选择位 0	722.3	722.1	DI2
P1021[0]	BI：固定频率选择位 1	722.4	722.2	DI3
P1022[0]	BI：固定频率选择位 2	722.5	722.3	DI4
P1001[0]	固定频率 1	10	10	低速
P1002[0]	固定频率 2	15	15	中速
P1003[0]	固定频率 3	25	25	高速
P0771[0]	CI：模拟量输出	21	21	实际频率（Hz）
P0731[0]	BI：数字量输出 1 的功能	52.3	52.2	变频器正在运行
P0732[0]	BI：数字量输出 2 的功能	52.7	52.3	变频器故障激活

需要修改的参数主要有以下几方面：

① P1000 选择频率为"固定频率"。

② P0702、P0703、P0704 所对应的数字量输入功能定义为固定转速位 0、1、2。

③ P1016 固定频率模式，共有两种。第一种为直接选择（P1016=1），在此操作方式下，1 个固定频率选择器（P1020 ～ P1023）选择 1 个固定频率。如果多个输入同时激活，则所选择的频率相加，例如：FF1+FF2+FF3+FF4。另外一种为二进制编码选择（P1016=2），使用这种方式可选择最多 16 个不同的固定频率值。这里选择第一种。

④ P1020、P1021、P1022 的固定频率选择位 0、1、2 选择为 722.1、722.2、722.3，以定义固定频率选择的数据源。

【案例3】 十五段速的变频控制

(1) 工程案例说明

在【案例2】中介绍了三种固定转速的控制，在实际生产中，还会碰到三种以上的固定速度控制，比如工业水洗机的变频控制，它可能需要根据不同的布料来选择多达六种左右的速度。还比如在某些机械加工中，需要有十五段速度来进行控制。

(2) 电气硬件设计

图 2-6 为 V20 变频器十五段速的变频控制，即通过 DI1、DI2、DI3 和 DI4 的开关选择来实现。

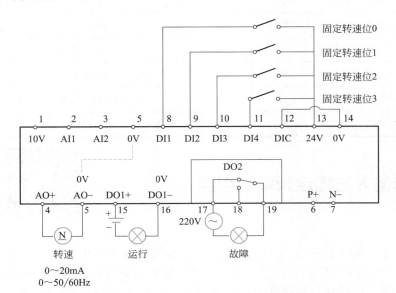

图 2-6　V20 变频器十五段速的变频控制

(3) 变频器参数设置

十五段速的变频器参数设置与三种固定转速的变频控制类似，唯一的区别在于这里采用了二进制编码选择（即 P1016=2）。表 2-3 为十五段速的变频器参数设置，也是 Cn004 连接宏的默认设置。

表 2-3　十五段速的变频器参数设置

参数	描述	工厂缺省值	Cn004 默认值	备注
P0700[0]	选择命令源	1	2	以端子为命令源
P1000[0]	选择频率	1	3	固定频率
P0701[0]	数字量输入 1 的功能	0	15	固定转速位 0
P0702[0]	数字量输入 2 的功能	0	16	固定转速位 1
P0703[0]	数字量输入 3 的功能	9	17	固定转速位 2

参数	描述	工厂缺省值	Cn004 默认值	备注
P0704[0]	数字量输入 4 的功能	15	18	固定转速位 3
P1016[0]	固定频率模式	1	2	二进制模式
P0840[0]	BI：ON/OFF1	19	1025	变频器以所选的固定转速启动
P1020[0]	BI：固定频率选择位 0	722.3	722	DI1
P1021[0]	BI：固定频率选择位 1	722.4	722.1	DI2
P1022[0]	BI：固定频率选择位 2	722.5	722.2	DI3
P1023[0]	BI：固定频率选择位 3	722.6	722.3	DI4
P0771[0]	CI：模拟量输出	21	21	实际频率（HZ）
P0731[0]	BI：数字量输出 1 的功能	52.3	52.2	变频器正在运行
P0732[0]	BI：数字量输出 2 的功能	52.7	52.3	变频器故障激活
P1001[0] ～ P1015[0]	固定频率 1 ～ 15	—	—	根据用户实际情况进行设置

【案例 4】 模拟量输入与固定频率的切换

视频讲解

（1）工程案例说明

变频器被广泛应用在暖通空调等公用设备中，其速度往往需要被其上位机控制，比如 BA 系统、PLC 或者 DCS，此时最常用的是模拟量输入；在碰到检修或者需要手动测试的场合时，每一台变频器都需要用手动控制，而对速度的要求则只要能固定在某几段频率即可，这种工程应用就被称为"模拟量输入与固定频率的切换"。

图 2-7 为 V20 变频器进行模拟量输入与固定频率切换的示意图，正常情况下，K1 开关 ca 闭合，则频率设定值选通模拟量输入；当固定频率的控制端子 FF01 或者 FF02 中的任何一个闭合时，K1 开关就切换至 ca 打开、cb 闭合，则频率设定值选通 FF01 或者 FF02 所对应的固定转速值，如果 FF01 和 FF02 都选通，则为两个固定转速值相加。

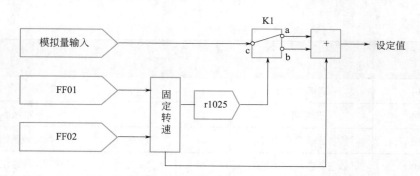

图 2-7　V20 变频器模拟量输入与固定频率的切换示意图

（2）电气硬件设计

图 2-8 为 V20 变频器模拟量输入与固定频率的切换电路，该电路的特点为：①启停通过端子 DI1；②固定频率的选择为 DI2 和 DI3；③故障确认为 DI4；④模拟量输入为 AI1，可以是电位器输入，也可以是来自上位机的电压信号；⑤输出转速信号 AO+/AO-，运行指示灯 DO1+/DO1-，故障指示灯 DO2。

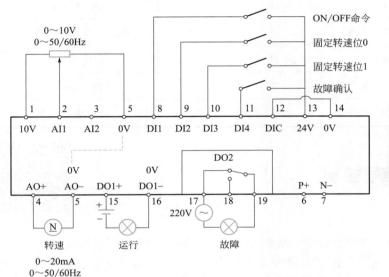

图 2-8　V20 变频器模拟量与固定频率的切换电路

（3）变频器参数设置

西门子 V20 变频器的连接宏 Cn005 提供了模拟量输入与固定频率切换的功能，具体参数如表 2-4 所示。需要注意的三点为：① P1074 提供了图 2-7 所示的开关 K1 的功能设置，即"BI：禁止附加设定值"应该为 1025；② P1000 选择频率为"固定频率 + 模拟量设定值"，即 23；③ P1016 固定频率模式应该设置为"1"，即直接选择模式。

表 2-4　模拟量与固定频率切换的变频器参数设置

参数	描述	工厂缺省值	Cn005 默认值	备注
P0700[0]	选择命令源	1	2	以端子为命令源
P1000[0]	选择频率	1	23	固定频率 + 模拟量设定值
P0701[0]	数字量输入 1 的功能	0	1	ON/OFF 命令
P0702[0]	数字量输入 2 的功能	0	15	固定转速位 0
P0703[0]	数字量输入 3 的功能	9	16	固定转速位 1
P0704[0]	数字量输入 4 的功能	15	9	故障确认
P1016[0]	固定频率模式	1	1	直接选择模式
P1020[0]	BI：固定频率选择位 0	722.3	722.1	DI2

参数	描述	工厂缺省值	Cn005 默认值	备注
P1021[0]	BI：固定频率选择位 1	722.4	722.2	DI3
P1001[0]	固定频率 1	10	10	固定转速 1
P1002[0]	固定频率 2	15	15	固定转速 2
P1074[0]	BI：禁止附加设定值	0	1025	固定频率禁止附加设定值
P0771[0]	CI：模拟量输出	21	21	实际频率（Hz）
P0731[0]	BI：数字量输出 1 的功能	52.3	52.2	变频器正在运行
P0732[0]	BI：数字量输出 2 的功能	52.7	52.3	变频器故障激活

【案例 5】 脉冲信号控制

视频讲解

（1）工程案例说明

在变频器的启动电路中，经常会碰到三线制和二线制控制的问题。所谓三线制控制，就是模仿普通的"接触器 - 继电器"控制电路模式。如图 2-9 所示，当按下常开按钮 SB2 时，电动机正转启动，由于 T 多功能端子自定义为保持信号（或自锁信号）功能，松开 SB2，电动机的运行状态将能继续保持下去；当按下常闭按钮 SB1 时，T 与 COM 之间的联系被切断，自锁解除，电动机停止运行。如要选择反转控制，只需将 K 吸合，即 REV 功能作用（反转）。三线制控制模式共有两种类型，即图 2-9（a）和图 2-9（b）。两者的唯一区别是控制方法一可以接收脉冲控制，即用脉冲的上升沿来替代 SB2（启动），下降沿来替代 SB1（停止）。在脉冲控制中，要求 SB1 和 SB2 的指令脉冲保持时间能够达 50ms 以上，否则为不动作。

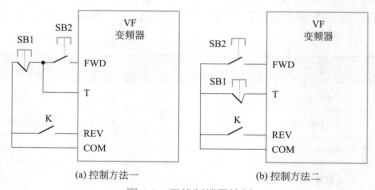

图 2-9 三线制端子控制

在变频器的频率信号给定中，除了操作面板、固定频率、模拟量之外，还有一种特殊的给定方式，即接点信号给定（图 2-10）。接点信号给定就是通过变频器的多功能输入端子的 UP 和 DOWN 接点来改变变频器的设定频率值。该接点可以外接按钮或其他类似于按钮的开关信号（如 PLC 或 DCS 的继电器输出模块、常规中间继电器）。

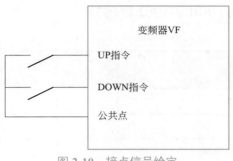

图 2-10　接点信号给定

无论是三线制控制还是接点信号给定，在西门子 V20 变频器中，统称为"脉冲信号控制"。需要注意的是，这个与传统意义上的高速频率脉冲没有关系。

（2）电气硬件设计

图 2-11 为 V20 变频器的脉冲信号控制电路，其中三线制控制采用的是图 2-9（b）所示的控制方法二，UP 指令和 DOWN 指令在这里被称为 MOP 升速和 MOP 降速，其中 MOP 为电动电位器的简称。

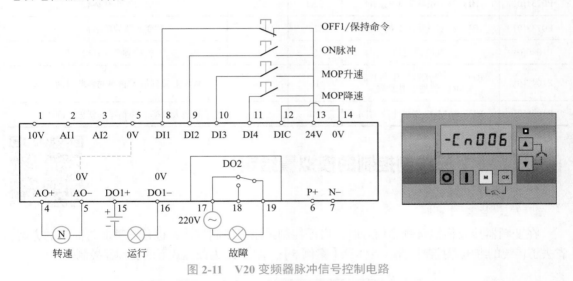

图 2-11　V20 变频器脉冲信号控制电路

（3）变频器参数设置

表 2-5 为西门子 V20 变频器的脉冲信号控制参数设置，采用连接宏 Cn006。参数说明如下：

① 多功能输入端子 DI3 和 DI4 需分别设置为 MOP 升速指令或 MOP 降速指令中的其中一个，不能重复设置，也不能只设置一个，更不能同时分配升速 / 降速指令和保持加 / 减速或停止指令。

② 端子的 MOP 升速时间或 MOP 降速时间必须被正确设置，时间单位为秒，即从零上升到最大频率的斜坡时间或者从最大频率下降到零的斜坡时间。有了正确的时间设置，即使 MOP 升速接点一直吸合，变频器的频率也不会瞬间上升到最高输出频率，而是按照其上升速率上升。

③ 三线制控制的设定为 P0701、P0702 和 P0727。

表 2-5   脉冲信号控制的西门子 V20 变频器参数设置

参数	描述	工厂缺省值	Cn006 默认值	备注
P0700[0]	选择命令源	1	2	以端子为命令源
P1000[0]	选择频率	1	1	BOP MOP
P0701[0]	数字量输入 1 的功能	0	2	OFF1 / 保持
P0702[0]	数字量输入 2 的功能	0	1	ON 脉冲
P0703[0]	数字量输入 3 的功能	9	13	MOP 升速脉冲
P0704[0]	数字量输入 4 的功能	15	14	MOP 降速脉冲
P0727[0]	二 / 三线控制方式选择	0	3	三线 ON 脉冲 + OFF1 / 保持命令 + 反向
P0771[0]	CI：模拟量输出	21	21	实际频率（Hz）
P0731[0]	BI：数字量输出 1 的功能	52.3	52.2	变频器正在运行
P0732[0]	BI：数字量输出 2 的功能	52.7	52.3	变频器故障激活
P1040[0]	MOP 设定值	5	0	初始频率（Hz）
P1047[0]	RFG（斜坡函数发生器）的 MOP 斜坡上升时间	10	10	从零上升到最大频率的斜坡时间（s）
P1048[0]	RFG 的 MOP 斜坡下降时间	10	10	从最大频率下降到零的斜坡时间（s）

【案例 6】   三线制控制的模拟量给定

视频讲解

（1）工程案例说明

在变频器接收模拟量频率信号时，启停控制采用三线制方式，也是一种非常简洁的方案，省去了传统的继电器控制回路（具体见【案例 5】）。图 2-12 为该方式下的变频器控制时序图。

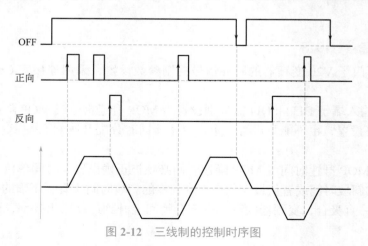

图 2-12   三线制的控制时序图

(2) 电气硬件设计

图 2-13 为 V20 变频器三线制控制的模拟量给定电路，其中模拟量给定采用 AI1 输入的电位器 0 ～ 10V，启停采用 DI1/DI2/DI3 的三线制正反转控制，DI4 为故障确认脉冲信号。

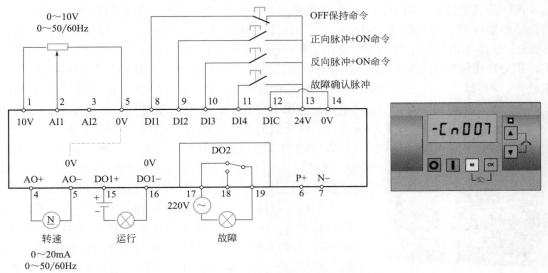

图 2-13　V20 变频器三线制控制的模拟量给定电路

(3) 变频器参数设置

表 2-6 为三线制控制下模拟量给定的变频器参数设置，采用连接宏 Cn007，其中三线制控制与【案例 5】相比，增加了反向脉冲控制，即 P0703 关于 DI3 的功能设置为"12"、P0727 关于二 / 三线控制方式选择设置为"2"。

表 2-6　三线制控制下模拟量给定的变频器参数设置

参数	描述	工厂缺省值	Cn007 默认值	备注
P0700[0]	选择命令源	1	2	以端子为命令源
P1000[0]	选择频率	1	2	模拟量
P0701[0]	数字量输入 1 的功能	0	1	OFF 保持命令
P0702[0]	数字量输入 2 的功能	0	2	正向脉冲 + ON 命令
P0703[0]	数字量输入 3 的功能	9	12	反向脉冲 + ON 命令
P0704[0]	数字量输入 4 的功能	15	9	故障确认
P0727[0]	二 / 三线控制方式选择	0	2	三线 停止 + 正向脉冲 + 反向脉冲
P0771[0]	CI：模拟量输出	21	21	实际频率（Hz）
P0731[0]	BI：数字量输出 1 的功能	52.3	52.2	变频器正在运行
P0732[0]	BI：数字量输出 2 的功能	52.7	52.3	变频器故障激活

【案例 7】 PID 控制与模拟量参考组合

（1）工程案例说明

PID 调节是过程控制中应用得十分普遍的一种控制方式，它是使控制系统的被控量能够迅速而准确地无限接近于控制目标的基本手段。PID 调节的解释如下：比例运算（P）是指输出控制量与偏差的比例关系；积分运算（I）的目的是消除静差，只要偏差存在，积分作用将控制量向使偏差消除的方向移动；比例作用和积分作用是对控制结果的修正动作，响应较慢；微分作用（D）是为了消除其缺点而补充的，微分作用根据偏差产生的速度对输出量进行修正，使控制过程尽快恢复到原来的控制状态，微分时间是表示微分作用强度的物理量。

图 2-14　富士 PXR 系列
温度 PID 控制器

常见的 PID 控制器控制形式主要有三种：硬件型，通用 PID 控制器；软件型，使用离散形式的 PID 控制算法，在可编程序控制器上作 PID 功能块；使用变频器内置 PID 控制功能。

① PID 控制器　现在的 PID 控制器多为数字型控制器，具有自整定功能，如富士 PXR 系列温度 PID 控制器（图 2-14）。此类 PID 控制的输入输出类型都可通过设置参数来改变，考虑到抗干扰性，一般将输入输出类型都设定为 4 ～ 20mA 电流类型。

② 软件型 PID　喜欢使用 PLC 指令编程的设计者通常自己动手编写 PID 算法程序，这样可以充分利用 PLC 的功能。在连续控制系统中，模拟 PID 的控制规律形式为

$$u(t) = K_p \left[e(t) + \frac{1}{T_i} \int e(t) \mathrm{d}t + T_d \frac{\mathrm{d}e(t)}{\mathrm{d}t} \right] \tag{2-1}$$

式中，$e(t)$ 为偏差输入函数；$u(t)$ 为控制器输出函数；K_p 为比例系数；T_i 为积分时间常数；T_d 为微分时间常数。

由于式（2-1）为模拟量表达式，而 PLC 程序只能处理离散数字量，为此，必须将连续形式的微分方程化成离散形式的差分方程。式（2-1）经离散化后的差分方程为

$$u(k) = K_p \left\{ e(k) + \frac{T}{T_1} \sum_{j=0}^{k} e(j) + \frac{T_d}{T} [e(k) - e(k-1)] \right\}$$

$$= K_p e(k) + K_1 \sum_{j=0}^{k} e(j) + K_d [e(k) - e(k-1)] \tag{2-2}$$

式中，T 为采样周期；j 为采样序号，j=0，1，2，…，k；$u(k)$ 为控制器在采样时刻 k 时的输出值；$e(k)$ 为采样时刻 k 时的偏差值；$e(k-1)$ 为采样时刻 k-1 时的偏差值；$K_1 = K_p T / T_1$；$K_d = K_p T_d / T$。

软件型 PID 可采用与 PLC 直接连接的人机界面（HMI，如触摸屏等）输入参数和显示参数，如图 2-15 所示。这种形式的 PID 控制器的优点是控制性能好、柔性好，在调节结束后，被控量十分稳定，信号受干扰小，调试简单，接线工作量少，可靠性高；不足是编程工作量增加，硬件成本增加。

③ 变频器内置 PID　正由于 PID 用途广泛、使用灵活，使得现在的变频器大都集成了

视频讲解

PID，简称"内置 PID"，使用中只需设定三个基本参数（K_p，T_i 和 T_d）即可。

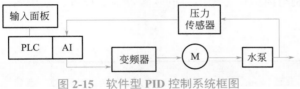

图 2-15　软件型 PID 控制系统框图

变频器的内置 PID 控制原理如图 2-16 所示。

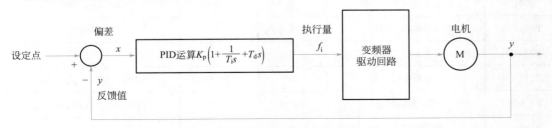

图 2-16　变频器内置 PID 控制原理

K_p—比例系数；T_i—积分时间常数；s—演算子；T_d—微分时间常数

在很多情况下，变频器内置 PID 并不一定需要三个单元（比例、积分和微分），可以取其中的一到两个单元，但比例控制单元是必不可少的。比如在恒压供水控制中，因为被控压力量不属于大惯量滞后环节，因此只需 PI 功能，D 功能可以基本不用。

使用变频器的内置 PID 功能，首先必须设定 PID 功能有效，然后确定 PID 控制器的信号输入类型，如采用有反馈信号输入，则要求有设定值信号，设定值可以为外部信号，也可以是面板设定值；如采用偏差输入信号，则无需输入设定值信号。

（2）电气硬件设计

图 2-17 为 V20 变频器 PID 控制与模拟量参考组合电路，其 PID 的设定值为 AI1 输入（即电位器信号），而实际值为 AI2 输入（0 ～ 20mA）。

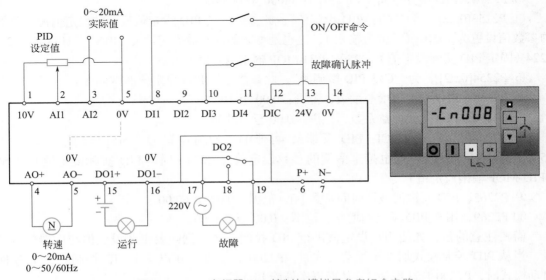

图 2-17　V20 变频器 PID 控制与模拟量参考组合电路

（3）变频器参数设置

表 2-7 是 PID 控制与模拟量参考组合的变频器参数设置，采用西门子 V20 变频器的连接宏 Cn008。

表 2-7　PID 控制与模拟量参考组合的变频器参数设置

参数	描述	工厂缺省值	Cn008 默认值	备注
P0700[0]	选择命令源	1	2	以端子为命令源
P0701[0]	数字量输入 1 的功能	0	1	ON/OFF 命令
P0703[0]	数字量输入 3 的功能	9	9	故障确认
P2200[0]	使能 PID 控制器	0	1	PID 使能
P2253[0]	CI：PID 设定值	0	755.0	PID 设定值 = 模拟量输入 1
P2264[0]	CI：PID 反馈	755.0	755.1	PID 反馈 = 模拟量输入 2
P0756[1]	模拟量输入类型	0	2	模拟量输入 2，0～20 mA
P0771[0]	CI：模拟量输出	21	21	实际频率（Hz）
P0731[0]	BI：数字量输出 1 的功能	52.3	52.2	变频器正在运行
P0732[0]	BI：数字量输出 2 的功能	52.7	52.3	变频器故障激活

图 2-18 为 V20 变频器 PID 控制参数连接图。在 P2200 进行 PID 使能控制，参数值设为 1 时，使能 PID 闭环控制器自动禁止 P1120 和 P1121 中设定的常规斜坡时间以及常规频率设定值。

下面介绍常见的 PID 参数：

① P2280，PID 比例增益，范围：0.000 至 65.000。

② P2285，PID 积分时间（s），范围：0.000 至 60.000。

③ P2274，PID 微分时间（s），范围：0.000 至 60.000。

④ P2253[0...2]，为"CI：PID 设定值"，此参数定义 PID 设定值输入的设定值源。可能的参数值设置为 755[0]（模拟量输入 1，这也是本案例的参数设定值）、2018.1（USS PZD 2）、2224（固定 PID 实际设定值）、2250（PID-MOP 输出设定值）等。

⑤ P2254[0...2]，为"CI：PID 微调源"，此参数选择 PID 设定值的微调源。

⑥ P2255，PID 设定值增益系数，范围：0.00 至 100.00。

⑦ P2256，PID 微调增益系数，范围：0.00 至 100.00。

⑧ P2264[0...2]，为"CI：PID 反馈"，可能的参数值设置为 755[0]（模拟量输入 1）、755[1]（模拟量输入 2，这也是本案例的参数设定值）、2224（固定 PID 实际设定值），2250（PID-MOP 输出设定值）等。

⑨ P2265，PID 反馈滤波器时间常数 [s]，范围：0.00 至 60.00。

⑩ P2269，用于 PID 反馈的增益，范围：0.00 至 500.00。

需要注意的是，如使用负设定值进行 PID 控制，请根据需要更改设定值与反馈信号接线。当从 PID 控制模式切换至手动模式时，P2200 自动设为 0 以禁止 PID 控制。当切换回自动模式时，P2200 自动设为 1，从而再次使能 PID 控制。

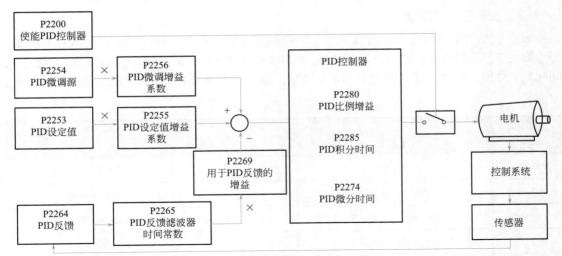

图 2-18　V20 变频器 PID 控制参数连接图

视频讲解

【案例 8】　PID 控制与固定值参考组合

（1）工程案例说明

在变频器的 PID 闭环功能中，为了达到快速稳定以及可靠性高的控制效果，通常都会选择多段闭环设定功能。对于需要有多段闭环设定值数据的场合可以选择此功能，比如在恒压供水中可以设置不同时段的供水压力信号值，在用水高峰期 6：00AM ～ 8：00AM 和 5：00PM ～ 7：00PM 设定为 0.35MPa，在用水次高峰期 8：00AM ～ 5：00PM 和 7：00PM ～ 10：00PM 设定为 0.3MPa，而在其他时段可设定为 0.27MPa。

（2）电气硬件设计

图 2-19 为 V20 变频器 PID 控制与固定值参考组合电路，即通过 DI2、DI3、DI4 的开关选择来实现不同的闭环 PID 设定值的改变。

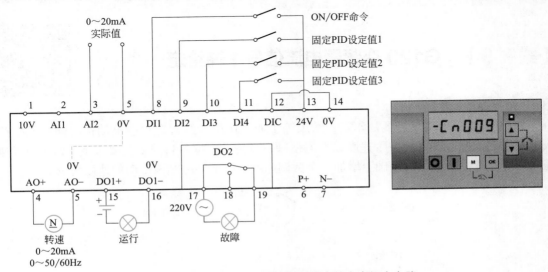

图 2-19　V20 变频器 PID 控制与固定值参考组合电路

（3）变频器参数设置

表 2-8 为 PID 控制与固定值参考组合的变频器参数设置，也是连接宏 Cn009 的默认值。与【案例 7】不同的是，需要设定 P0702、P0703 和 P0704 从而对 DI 输入定义为 PID 固定值，同时对 P2220、P2221、P2222 进行 BICO 连接，最后还需要对 P2216 和 P2253 进行相应设置。

表 2-8　PID 控制与固定值参考组合的变频器参数设置

参数	描述	工厂缺省值	Cn009 默认值	备注
P0700[0]	选择命令源	1	2	以端子为命令源
P0701[0]	数字量输入 1 的功能	0	1	ON/OFF 命令
P0702[0]	数字量输入 2 的功能	0	15	DI2=PID 固定值 1
P0703[0]	数字量输入 3 的功能	9	16	DI3=PID 固定值 2
P0704[0]	数字量输入 4 的功能	15	17	DI4=PID 固定值 3
P2200[0]	使能 PID 控制器	0	1	PID 使能
P2216[0]	固定 PID 设定值模式	1	1	直接选择
P2220[0]	BI：固定 PID 设定值选择位 0	722.3	722.1	BICO 连接 DI2
P2221[0]	BI：固定 PID 设定值选择位 1	722.4	722.2	BICO 连接 DI3
P2222[0]	BI：固定 PID 设定值选择位 2	722.5	722.3	BICO 连接 DI4
P2253[0]	CI：PID 设定值	0	2224	PID 设定值 = 固定值
P2264[0]	CI：PID 反馈	755.0	755.1	PID 反馈 = 模拟量输入 2

2.2　西门子 G 系列变频器的基本应用 ‹

【案例 9】　G120 变频器电流信号主辅给定

视频讲解

（1）工程案例说明

如图 2-20 所示，在造纸、印染、纺织等工业生产中，经常有很多电动机在同一条生产线上，它们都接收同一个主令速度 v_1，但是每一个传动根据各自的工艺要求（比如张力或速差）需要在此主令速度的基础上增加一个微调速度 v_2，最终控制该传动的速度为 $v=v_1+v_2$。

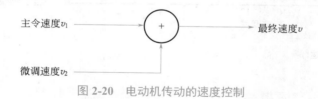

图 2-20　电动机传动的速度控制

（2）电气硬件设计

图 2-21 给出了西门子 G120 变频器电流信号主辅给定所需的接线，AI0 和 AI1 作为电流信号输入，这种接线方式可以实现频率设定值由主设定和附加设定组成。另外需要输入组态模拟量（AI 的 DIP 开关 1 和 2 设置到 ON 位置，即电流 "I" 位置）。

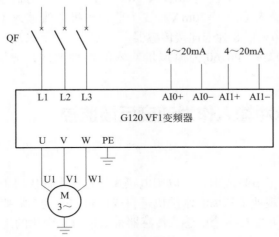

图 2-21　西门子 G120 变频器主辅电流给定电路

（3）变频器参数设置

对于 G120 变频器来说，首先要进行快速调试，具体包括参数 P1300 V/f 控制、P0100 电机频率、P0304 电机的电压、P0305 电机的额定工作电流、P0307 电机的功率、P0308 电机的功率因数、P0311 电机的额定转速、P1900 为 0（不采用静态和动态的优化）等。

快速调试完成之后进行参数设置，如表 2-9 所示，需要将 P1000 转速设定值选择为"22"，即"模拟设定值 + 模拟设定值"方式。

表 2-9　电流信号主辅给定的变频器参数设置

参数	描述	实际设置值	备注
P1000[0]	转速设定值选择	22	模拟设定值 + 模拟设定值
P0756[0]	AI0 模拟输入类型	3	单极电流输入（4 ~ +20 mA）
P0756[1]	AI1 模拟输入类型	3	单极电流输入（4 ~ +20 mA）
P0757[0]	AI0 模拟输入特性曲线值 x_1	4	4mA
P0757[1]	AI1 模拟输入特性曲线值 x_1	4	4mA
P0758[0]	AI0 模拟输入特性曲线值 y_1	0	0%
P0758[1]	AI1 模拟输入特性曲线值 y_1	0	0%
P0759[0]	AI0 模拟输入特性曲线值 x_2	20	20mA
P0759[1]	AI1 模拟输入特性曲线值 x_2	20	20mA
P0760[0]	AI0 模拟输入特性曲线值 y_2	100	100%
P0760[1]	AI1 模拟输入特性曲线值 y_2	100	100%

在 G120 变频器中，需要在 P0756 中设置模拟输入的类型：P0756[0...1]=0、1、4，对应电压输入（r0752、P0757、P0759，以 V 为单位显示）；P0756[0...1]=2、3，对应电流输入（r0752、P0757、P0759，以 mA 为单位显示）。

P0756 的索引 [0] 表示 AI0（即端子 3/4），[1] 表示 AI1（即端子 10/11）。

P0756 参数值含义：0 为单极电压输入（0 ～ +10 V），1 为监控单极电压输入（+2 ～ +10V），2 为单极电流输入（0 ～ +20mA），3 为监控单极电流输入（+4 ～ +20mA），4 为双极电压输入（−10 ～ +10V），8 为未连接传感器。

P0757、P0758、P0759、P0760 为模拟量输入的特性曲线，分别定义了直线段的两点 (x_1, y_1) 和 (x_2, y_2)。

【案例10】 脉冲输入作为速度反馈监控

视频讲解

（1）工程案例说明

在工程应用中，为了节省成本，可以用电感式传感器来替代编码器用作速度的测量。如在某离心机中，为了直观地了解离心水洗机进料或出料的速度，需要在落布架的转动轴处安装一个带齿轮的码盘，并配接一个电感式传感器来获取齿轮变化的规律，如图 2-22 所示。

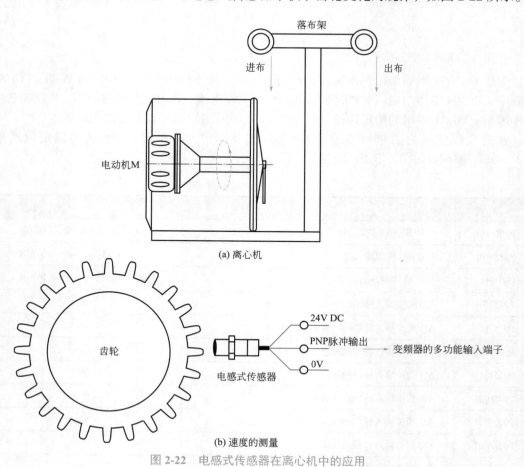

(a) 离心机

(b) 速度的测量

图 2-22　电感式传感器在离心机中的应用

当变频器的输入端子接收到电感式传感器的脉冲后，进行计算，就可以直接转化为转动轴的运行速度。

现在要求某 G120 变频器拖动传动负载，输出轴安装传感器用于监控负载转速，假设输出轴转动一圈输出 3 个脉冲，电机轴与输出轴的传动比为 10 ∶ 1，当电机实际速度与检测值相差超过 200r/min 时输出故障信息。请设计电路并设置变频器参数。

(2) 电气硬件设计

图 2-23 给出了脉冲输入作为西门子 G120 变频器速度反馈监控的硬件线路。在 G120 变频器 CU240E-2 控制单元中，将 DI3（即端子号 8）用作脉冲输入接口，通过检测脉冲频率来监控电机速度，可以处理最多 32kHz 的脉冲序列。需要注意的是该电路采用 PNP 型接线方式，因此传感器也采用 PNP 型。输出端子 DO0NO、DO0COM（即端子号 19、20）与报警灯相连。

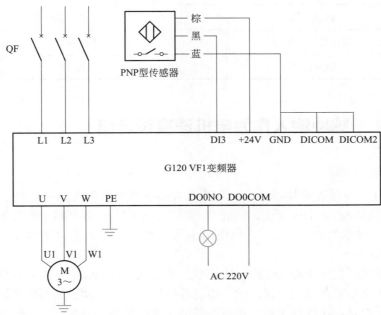

图 2-23　脉冲输入作为西门子 G120 变频器速度反馈监控的电路

(3) 变频器参数设置

表 2-10 为脉冲输入作为速度反馈监控的变频器参数设置。需要注意的是 P0581 为测量头的脉冲沿，设置 0，上升沿有效；设置 1，下降沿有效。P2181 需要输出报警时可以设置 1 或 3，输出故障时可以设置 4 或 6。

表 2-10　脉冲输入作为速度反馈监控的变频器参数设置

参数	描述	实际设置值	备注
P0580	测量头输入端子	23	DI3 作为脉冲输入接口
P0581	测量头脉冲沿	0	上升沿有效
P0582	测量头每转脉冲数	3	实际值设定

参数	描述	实际设置值	备注
P0583	测量头最大测量时间	10s	如果该时间内无新脉冲出现，则认为脉冲输入值为 0，即 r0586=0；有新脉冲时重新计时
P0585	测量头的传动系数	10	电机与测量位置的传动比
P0490	取反测量头	1	该参数的位 3 可以取反测头的 DI3 的输入信号
P3230	电机实际值的来源	586	r0586 即为电机的实际转速值
P3231	偏差极限值	200	实际值设定
P2192	负载监控延时	5s	延迟 5s 后动作
P2193	负载监控配置	2	监控负载速度
P2181	速度超差动作选择	1	输出报警
P0730	DO0 信号源	52.7	警告有效

【案例 11】 脉冲输入作为电机速度设定值

视频讲解

（1）工程案例说明

脉冲给定方式即通过变频器特定的高速开关端子从外部输入脉冲序列信号进行频率给定，并通过调节脉冲频率来改变变频器的输出频率。不同的变频器对于脉冲序列输入有不同的定义，如脉冲频率为 0 ～ 32kHz，低电平电压为 0 ～ 0.8V，高电平电压为 3.5 ～ 13.2V，占空比为 30% ～ 70%。

脉冲给定首先要定义 100% 时的脉冲频率，然后就可以与模拟量给定一样定义脉冲频率给定曲线。该频率给定曲线也是线性的，通过首坐标和尾坐标两点的数值来确定。因此，其频率给定曲线可以是正比线性关系，也可以是反比线性关系。一般而言，脉冲给定值通常用百分比来表示。

（2）电气硬件设计

图 2-24 给出了脉冲输入作为电机速度设定值的电路，其中脉冲信号来自 DI3。

（3）变频器参数设置

表 2-11 为脉冲输入作为电机速度设定值的变频器参数设置。

表 2-11 脉冲输入作为电机速度设定值的变频器参数设置

参数	描述	实际设置值	备注
P0580	测量头输入端子	23	DI3 作为脉冲输入接口
P0581	测量头脉冲沿	0	上升沿有效
P0582	测量头每转脉冲数	200	实际值设定

参数	描述	实际设置值	备注
P0583	测量头最大测量时间	10s	如果该时间内无新脉冲出现，则认为脉冲输入值为0，即r0586=0；有新脉冲时重新计时
P0585	测量头的传动系数	1	电机与测量位置的传动比
P1070	主设定值	586	即r586

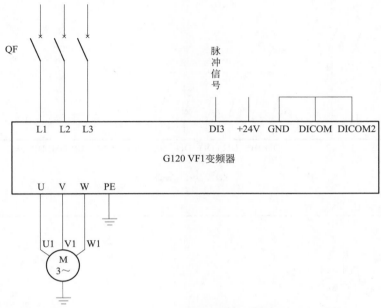

图 2-24 脉冲输入作为电机速度设定值的电路

如果需要使用输入脉冲频率作为电机频率设定值源，假设输入 10kHz 脉冲对应 2 对极电机速度设定值 1500r/min。根据这个信息来计算 P0582 的值为：P0582=10000/（1500×2/60）=200。

变频器通过检测输入脉冲的频率并计算作为速度反馈或速度设定值，但无法实现位置控制。

在调试中，修改 P0580 的值时，如果变频器报 F1044 故障，需要设置参数 P0971=1，然后断电重新通电复位故障即可。

【案例 12】 G120 变频器的 STARTER 软件调试

视频讲解

（1）工程案例说明

已知某 G120 变频器带动的负载电机铭牌参数为：频率 50Hz、电机的电压 380V、额定工作电流 1.86A、功率 0.75kW、功率因数 0.76、额定转速 1380r/min，需要进行端子控制，具体是 DI0 启动、DI1 反转、DI2 复位 、DI3 高速、DI4 中速、DI5 低速，请设计电路并用 STARTER 软件进行调试。

（2）电气硬件设计

图 2-25 给出了西门子 G120 变频器端子控制 0.75kW 电机的主电路。

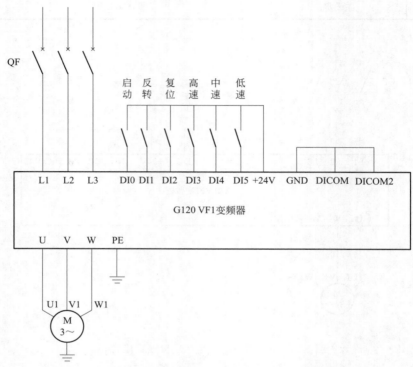

图 2-25　西门子 G120 变频器端子控制 0.75kW 电机的主电路

（3）STARTER 软件调试过程

① 给变频器通电，启动 STARTER 调试软件并按照下面描述的步骤进行操作。

② 如图 2-26 所示，新建一个 education 的项目。

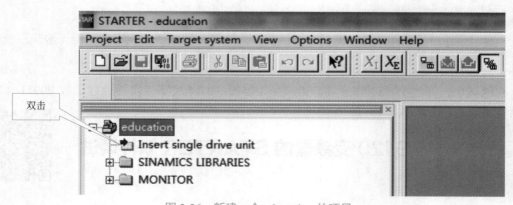

图 2-26　新建一个 education 的项目

③ 双击 Insert single drive unit，然后出现如图 2-27 所示内容，根据用户的变频器选择控制单元，比如为 CU240E-2 DP，完成后的目录树如图 2-28 所示。

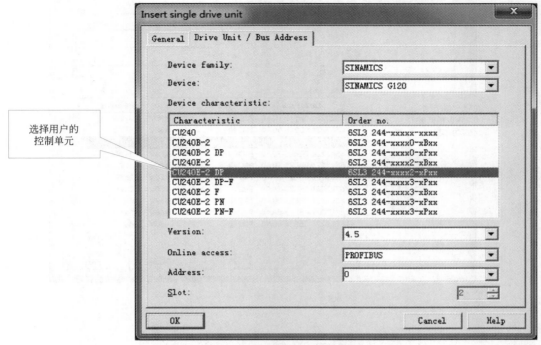

图 2-27　选择控制单元

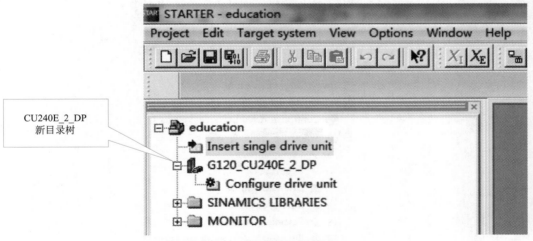

图 2-28　完成后的目录树

④ 如图 2-29 所示，双击 Configure drive unit，选择与变频器匹配的功率模块。

⑤ 如图 2-30 所示，在目录树中，单击 Control_Unit，选择其中的 Configuration。

⑥ 如图 2-31 所示，在 Configuration 窗口中选择 Wizard（即配置向导），依次进入图 2-32 ～ 图 2-37 所示的 FBw/datsetChg 窗口、电机属性窗口、电机属性选择窗口、电机参数窗口、变频器参数窗口和电机参数计算窗口。

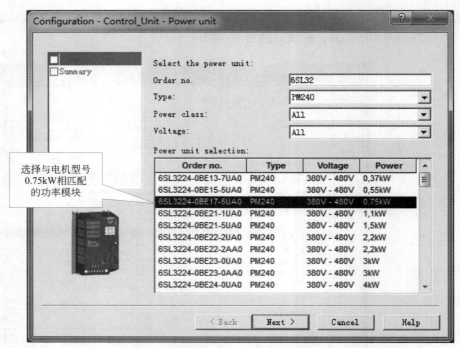

图 2-29 选择与变频器匹配的功率模块

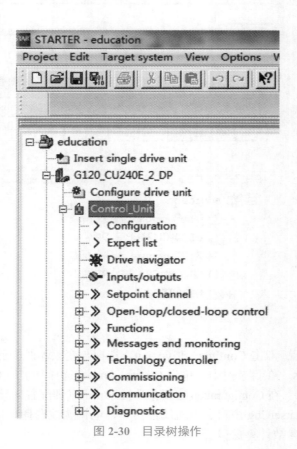

图 2-30 目录树操作

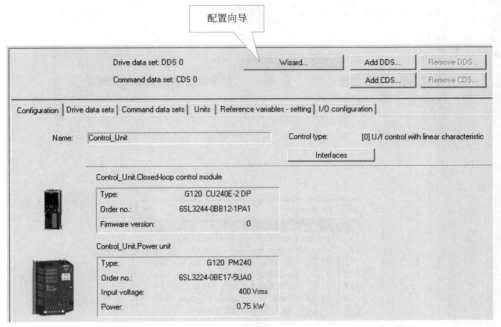

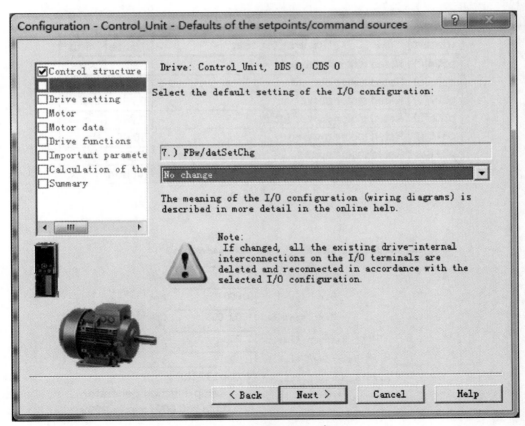

配置向导

图 2-31　Configuration 窗口

图 2-32　FBw/datsetChg 窗口

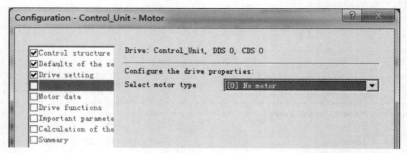

图 2-33 电机属性窗口

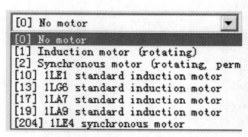

图 2-34 电机属性选择窗口

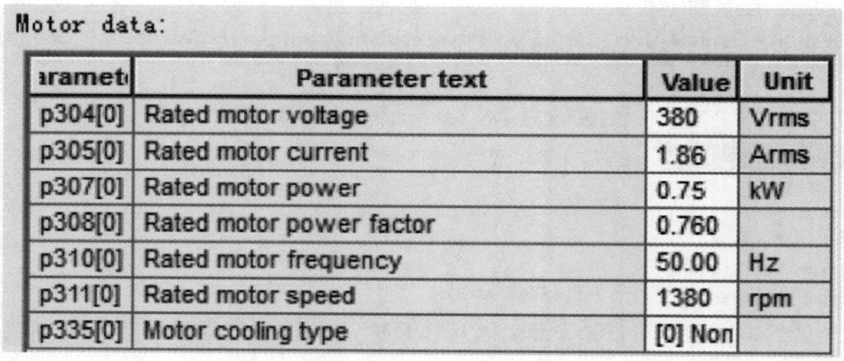

Motor data:

aramete	Parameter text	Value	Unit
p304[0]	Rated motor voltage	380	Vrms
p305[0]	Rated motor current	1.86	Arms
p307[0]	Rated motor power	0.75	kW
p308[0]	Rated motor power factor	0.760	
p310[0]	Rated motor frequency	50.00	Hz
p311[0]	Rated motor speed	1380	rpm
p335[0]	Motor cooling type	[0] Non	

图 2-35 电机参数窗口

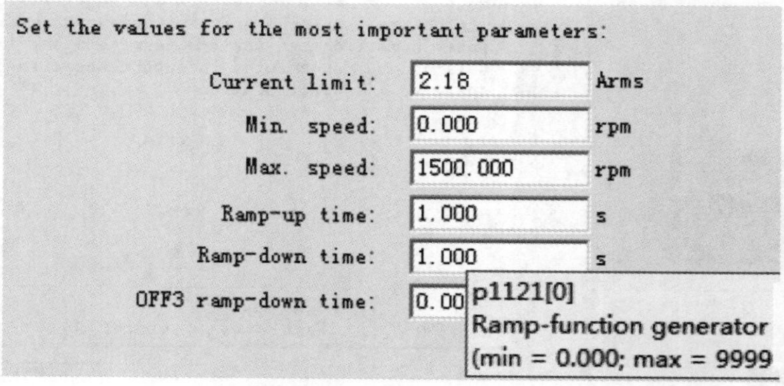

Set the values for the most important parameters:

Current limit:	2.18	Arms
Min. speed:	0.000	rpm
Max. speed:	1500.000	rpm
Ramp-up time:	1.000	s
Ramp-down time:	1.000	s
OFF3 ramp-down time:	0.00	

p1121[0]
Ramp-function generator
(min = 0.000; max = 9999

图 2-36 变频器参数窗口

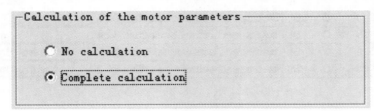

图 2-37　电机参数计算窗口

⑦ 根据选择需要的宏的类型（本系统原有默认的为"7"，更改为"1"），即从图 2-38 变为图 2-39。

	⊞ Parame...	Data	Parameter text	Offline value Control_Unit	Unit	Modifiable to
	All	A	All	All	All	All
1	r2		Drive operating display	[12] Operation - RFG frozen,...		
2	p3		Access level	[3] Expert		Operation
3	p10		Drive commissioning parameter filter	[0] Ready		Ready to run
4	p14		Buffer memory mode	[0] Save in a non-volatile fas...		Operation
5	p15		Macro drive unit	7.) FBw/datSetChg		Commissionin...

图 2-38　宏的类型为"7"

	⊞ Parame...	Data	Parameter text	Offline value Control_Unit
	All	A	All	All
1	r2		Drive operating display	[12] Operation - RFG frozen,...
2	p3		Access level	[3] Expert
3	p10		Drive commissioning parameter filter	[0] Ready
4	p14		Buffer memory mode	[0] Save in a non-volatile fas...
5	p15		Macro drive unit	1.) ConvTech w/2 FixedFreq

图 2-39　宏的类型为"1"

⑧ 相应的 P1000 的参数自动更改为"3"，即命令源来源于端子（图 2-40）。

	⊞ Parame...	Data	Parameter text	Offline value Control_Unit
	All	A	All	All
223	p952		Fault cases, counter	0
224	r963		PROFIBUS baud rate	[3] 187.5 kbit/s
225	⊞ r964[0]		Device identification, Company (Siemens = 42)	0
226	r965		PROFIdrive profile number	0H
227	p969		System runtime relative	0
228	p970		Reset drive parameters	[0] Inactive
229	p971		Save parameters	[0] Inactive
230	p972		Drive unit reset	[0] Inactive
231	⊞ p1000[0]	C	Speed setpoint selection	[3] Fixed speed setpoint

图 2-40　P1000 参数

⑨ 更改 DI 端子功能参数数值，如图 2-41 所示。

248	⊞ p1020[0]	C	BI: Fixed speed setpoint selection Bit 0	0
249	⊞ p1021[0]	C	BI: Fixed speed setpoint selection Bit 1	0
250	⊞ p1022[0]	C	BI: Fixed speed setpoint selection Bit 2	Control_Unit : r722.4
251	⊞ p1023[0]	C	BI: Fixed speed setpoint selection Bit 3	Control_Unit : r722.5

图 2-41　更改 DI 端子功能参数

对宏为"1"时的端子功能进行调整，即从图 2-42 调整到图 2-43 对应宏"1"的端子功能。

注意

根据现场应用的需求修改端子的功能时，需要将端子原来的功能取消，再修改为对应端子新的功能。

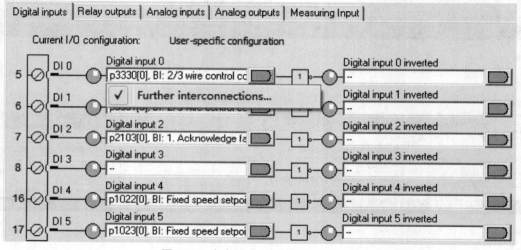

图 2-42　宏为"1"时原来的端子功能

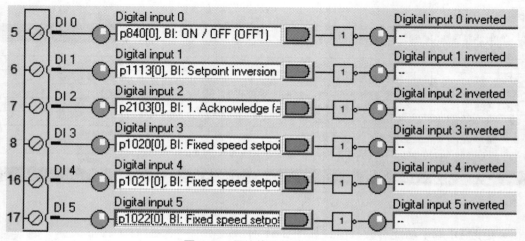

图 2-43　最终修改的端子功能

完成修改后，参数表中就会发生相应的变化。

⑩ 如图 2-44 所示，修改对应的固定速度值。

232	p1001[0]	D	CO: Fixed speed setpoint 1	1380.000	rpm
233	p1002[0]	D	CO: Fixed speed setpoint 2	1100.000	rpm
234	p1003[0]	D	CO: Fixed speed setpoint 3	900.000	rpm

图 2-44 修改对应的固定速度值

⑪ 最后通过修改 PC 与 G120 变频器的通信接口，即图 2-45 中的 S7USB，将设定的内容传送到变频器。

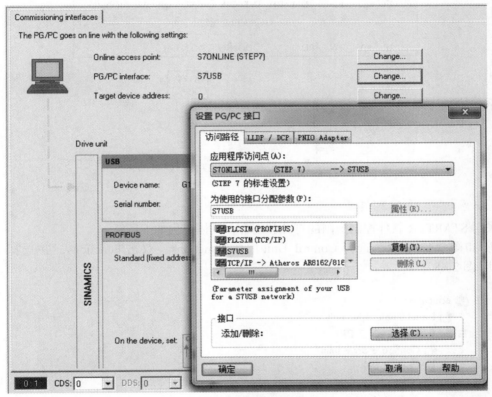

图 2-45 通信设置

⑫ 可以通过手动查询变频器参数值是否正确，比如 P1001=1380（高速）、P1002=1100（中速）、P1003=900（低速）、P1000=3（端子控制）、P1016=1（直接选择速度）等是否正确。

【案例 13】 G120 变频器的抱闸控制

（1）工程案例说明

提升电动机一般自身带机械抱闸机构，抱闸机构与电动机动作的时序配合十分重要，以往不采用变频器控制时，启动时往往电流和机械冲击很大，在时序配合不好时还会产生溜

视频讲解

钩现象，提升和下放的速度也无法控制，采用变频器的抱闸控制功能后，运行性能将大为改善。

（2）电气硬件设计

图 2-46 给出了西门子 G120 变频器进行抱闸控制的主电路，其中抱闸控制采用 DO2端子。

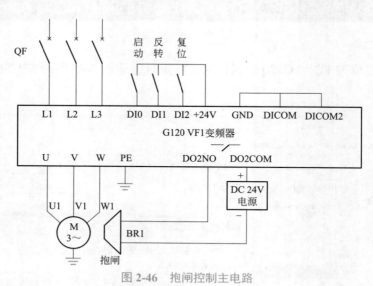

图 2-46　抱闸控制主电路

（3）STARTER 软件调试过程

采用 STARTER 软件控制抱闸的打开和闭合，具体流程如下所示：

① 如图 2-47 所示，选择 Control_Unit 中的 Functions，双击 Functions，并选择 Brake control（图 2-48）。

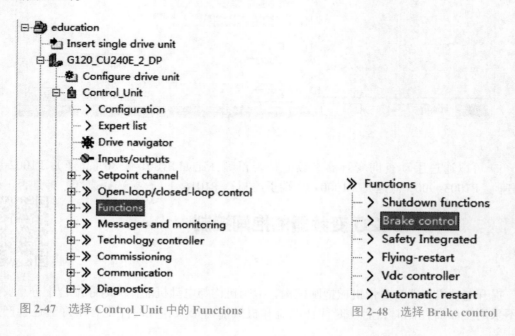

图 2-47　选择 Control_Unit 中的 Functions　　　　图 2-48　选择 Brake control

② 在图 2-49 中制动选项里选择合适的功能，选择方式 [1]，进入图 2-50 所示的 Motor holding brake 窗口。

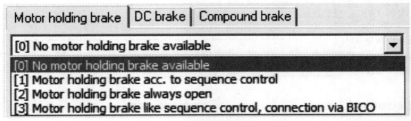

图 2-49　制动选项

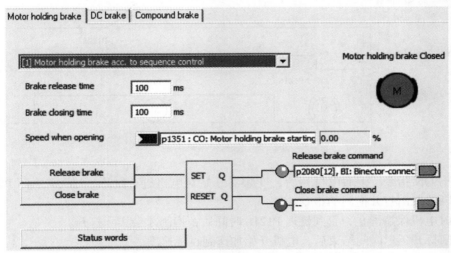

图 2-50　Motor holding brake 窗口

③ 在 Motor holding brake 窗口中选择 DO2 作为抱闸控制的端子并进行更改，如图 2-51 所示。

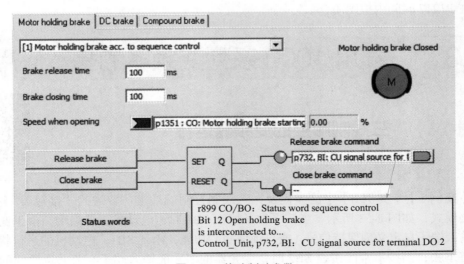

图 2-51　修改制动参数

④ 根据实际的情况更改打开抱闸和关闭抱闸的时间，其控制时序图如图 2-52 所示。

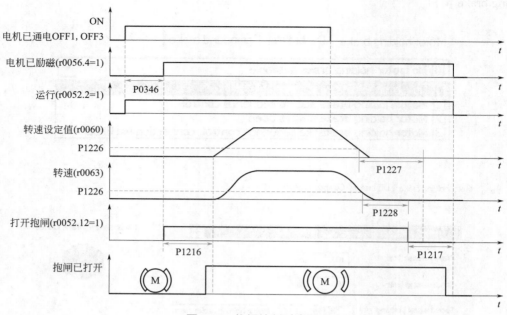

图 2-52　抱闸控制时序图

a. 发出 ON 指令（接通电机）后，变频器开始对电机进行励磁。励磁时间（P0346）结束后，变频器发出打开抱闸的指令。

b. 此时电机保持静止，直到延迟 P1216 时间后，抱闸才会实际打开。

c. 抱闸打开延迟时间结束后，电机开始加速到目标速度。

d. 发出 OFF 指令（OFF1 或 OFF3）后，电机减速，如果发出 OFF2 指令抱闸立刻闭合。

e. 如果转速设定值、当前转速低于阀值 P1226，监控时间 P1227 或 P1228 开始计时。

f. 一旦其中一个监控时间（P1227 或 P1228）结束，变频器控制抱闸闭合，电机静止，但仍保持通电状态。

g. 在 P1217 时间内抱闸闭合。

2.3　安川 1000 系列变频器的基本应用

【案例 14】　三线制顺控的变频器运行

视频讲解

（1）工程案例电气接线

在【案例 5】、【案例 6】中已经提及，三线制控制就是模仿普通的"接触器 - 继电器"控制电路模式，如图 2-53 所示。当按下常开按钮 SB1 时，电动机正转启动，由于变频器的多功能输入端子自定义为保持信号（或自锁信号）功能，松开 SB1，电动机的运行状态将能继续保持下去；当按下常闭按钮 SB2 时，变频器的多功能输入端子与公共点之间的联系被切断，自锁解除，电动机停止运行。

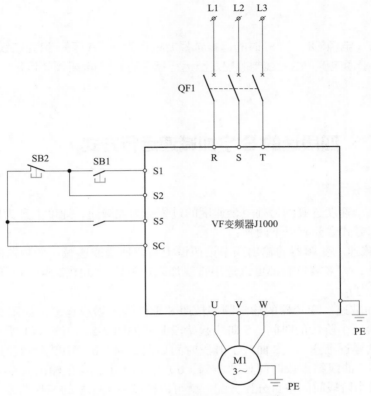

图 2-53 安川 J1000 变频器的三线制顺控

（2）变频器参数设置

按照图 2-53 进行接线后，对于安川 J1000 变频器来说，可以进行如表 2-12 所示的参数设置，也可以使用 A1-03（初始化），将通过程序模式变更过的参数统一返回到初始设定。

表 2-12 三线制顺控参数设置

参数	描述	实际设置值	备注
b1-02	运行指令选择	1	控制回路端子
b1-17	电源 ON/OFF 时的运行选择	0	禁止
H1-05	端子 S5 的功能选择	0	三线制顺控

J1000 变频器初始化的类型有两种：

① 2220：二线制顺控的初始化，即使得所有参数返回出厂时的设定。二线制顺控有两种输入端子。请将端子 S1 和 S2 设定为输入端子。

② 3330：三线制顺控的初始化。三线制顺控有三种输入端子。三线制顺控的功能被自动分配到端子 S1、S2、S5 上。

【案例 15】 四段速的 S 字加减速运行方式

视频讲解

（1）工程案例说明

变频器从一个速度过渡到另外一个速度的过程称为加减速，速度上升为加速，速度下降为减速。加减速方式主要有以下两种：

① 直线加减速。变频器的输出频率按照恒定斜率递增或递减。变频器的输出频率随时间成正比地上升，大多数负载都可以选用直线加减速方式。如图 2-54（a）所示，加速时间为 t_1、减速时间为 t_2。

② S 曲线加减速。变频器的输出频率按照 S 形曲线递增或递减，如图 2-54（b）所示。将 S 曲线划分为三个阶段的时间，S 曲线起始段时间如图 2-54（b）中①所示，这里输出频率变化的斜率从零逐渐递增；S 曲线上升段时间如图 2-54（b）中②所示，这里输出频率变化的斜率恒定；S 曲线结束段时间如图 2-54（b）中③所示，这里输出频率变化的斜率逐渐递减到零。将每个阶段时间按百分比分配，就可以得到一条完整的 S 形曲线。因此，只需要知道三个时间段中的任意两个，就可以得到完整的 S 形曲线，因此有些变频器只定义了起始段①和上升段②，而有些变频器则定义两头起始段①和结束段③。

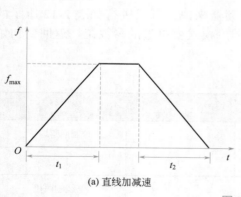
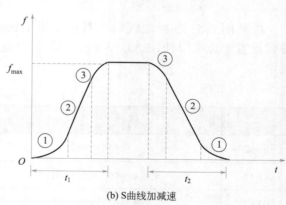

图 2-54 加减速方式

S 曲线加减速，能减少机械在启动 / 停止时的冲击，非常适合于输送易碎物品的传送机、电梯、搬运传递负载的传送带以及其他需要平稳改变速度的场合。例如，电梯在开始启动以及转入等速运行时，从考虑乘客的舒适度出发，应减缓速度的变化，以采用 S 曲线加速方式为宜。

（2）电气硬件接线

图 2-55 为 J1000 变频器四段速的 S 字加减速运行方式电路，其中 KA1（正转）、KA2（反转）、KA3 和 KA4 组成四段速。

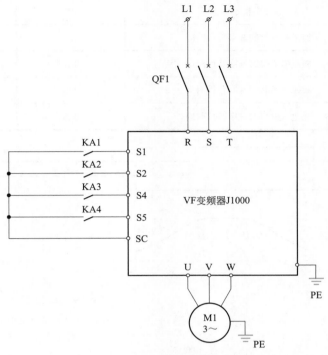

图 2-55　四段速的 S 字加减速运行方式电路

（3）变频器参数设置

表 2-13 为四段速带 S 字运行方式的参数设置。其中运行切换（正转 / 反转）时的 S 字特性如图 2-56 所示。

表 2-13　四段速带 S 字运行方式的参数设置

参数	描述	实际设置值	备注
b1-01	频率指令的选择	0	LED 操作器
b1-02	运行指令的选择	1	控制回路端子
H1-01	端子 S1 的功能选择	40	正转
H1-02	端子 S2 的功能选择	41	反转
H1-04	端子 S4 的功能选择	3	多段速 1
H1-05	端子 S5 的功能选择	4	多段速 2
d1-01	频率指令 1	5	1 速（Hz）
d1-02	频率指令 2	15	2 速（Hz）

参数	描述	实际设置值	备注
d1-03	频率指令 3	35	3 速（Hz）
d1-04	频率指令 4	45	4 速（Hz）
C2-01	加速开始时的 S 字特性时间	0.2s	0 ～ 10s 按实际设定
C2-02	加速结束时的 S 字特性时间	0.2s	0 ～ 10s 按实际设定
C2-03	减速开始时的 S 字特性时间	0.2s	0 ～ 10s 按实际设定
C2-04	减速结束时的 S 字特性时间	0.2s	0 ～ 10s 按实际设定

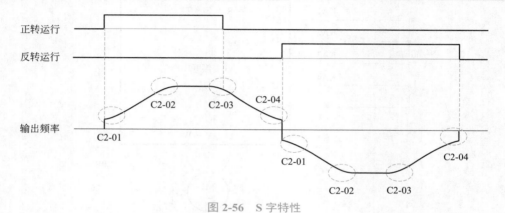

图 2-56　S 字特性

设定 S 字特性时间后，加减速时间将按以下公式延长：

$$加速时间 = 选择的加速时间 + （C2\text{-}01 + C2\text{-}02）/2 \tag{2-3}$$

$$减速时间 = 选择的减速时间 + （C2\text{-}03 + C2\text{-}04）/2 \tag{2-4}$$

图 2-57 是安川 J1000 变频器四段速的选择。

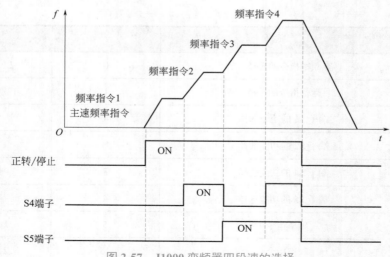

图 2-57　J1000 变频器四段速的选择

【案例 16】 H1000 变频器的制动

视频讲解

（1）工程案例说明

　　不少生产机械在运行过程中需要快速地减速或停车，而有些设备在生产中要求保持若干台设备前后一定的转速差，这时就会产生发电制动的问题，使电动机运行在第二或第四象限。然而在实际应用中，由于大多通用变频器都采用电压源的控制方式，其中间直流环节有大电容钳制着电压，使之不能迅速反向，另外交直回路又通常采用不可控整流桥，不能使电流反向，因此要实现回馈制动和四象限运行就比较困难。

　　图 2-58（a）和图 2-58（b）为变频器调速系统的两种运行状态，即电动和发电。在变频调速系统中，电动机的降速和停机是通过逐渐减小频率来实现的，在频率减小的瞬间，电动机的同步转速随之下降，而由于机械惯性的原因，电动机的转子转速未变。当同步转速 ω_1 小于转子转速 ω 时，转子电流的相位几乎改变了 180°，电动机从电动状态变为发电状态；与此同时，电动机轴上的转矩变成了制动转矩 T_e，使电动机的转速迅速下降，电动机处于再生制动状态。电动机再生的电能 P 经续流二极管全波整流后反馈到直流电路。由于直流电路的电能无法通过整流桥回馈到电网，仅靠变频器本身的电容吸收，虽然其他部分能消耗电能，但电容仍有短时间的电荷堆积，形成"泵升电压"，使直流电压 U_d 升高。过高的直流电压将使各部分器件受到损害。

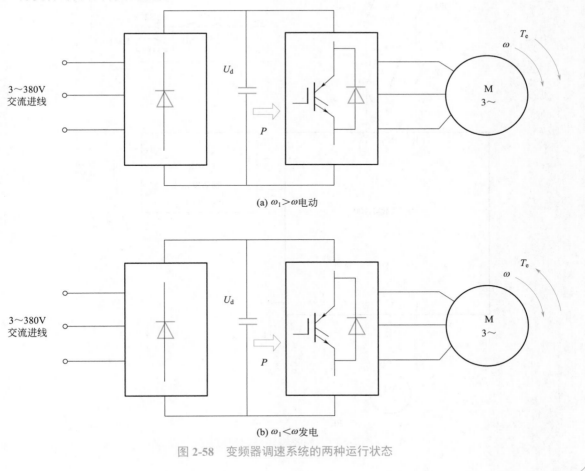

(a) $\omega_1 > \omega$ 电动

(b) $\omega_1 < \omega$ 发电

图 2-58　变频器调速系统的两种运行状态

因此，负载处于发电制动状态时必须采取必要的措施处理这部分再生能量。常用的方法是采用电阻能耗制动。电阻能耗制动在硬件上包括制动单元和制动电阻，通过制动单元的开断来接通制动电阻，并以电阻发热的形式消耗掉再生功率。在一些惯性较大且需急降速或刹车的场合均可使用能耗制动，例如离心机、工业洗衣机、行车、电梯、纺织机械、造纸机械、拉丝机、绕线机、制药、比例联动系统等。

（2）硬件电路说明

图 2-59 为安川 H1000 变频器的制动电路，电路说明如下：

① 制动单元 CDBR 为安川 1000 系列变频器选配件，其"+""−"必须与变频器 VF 的"+3""−"相连，"B1""B2"则与制动电阻相连。

② 制动单元有内置触点 EA/EB/EC，可以将制动电阻是否短路进行输出，其中 EB/EC 为常闭，EA/EC 为常开。

③ 制动电阻可以选配国产的，但建议增加有热保护的输出功能，即"1""2"端子。

④ KM1 要通电动作，首先要确保制动单元、制动电阻无故障。

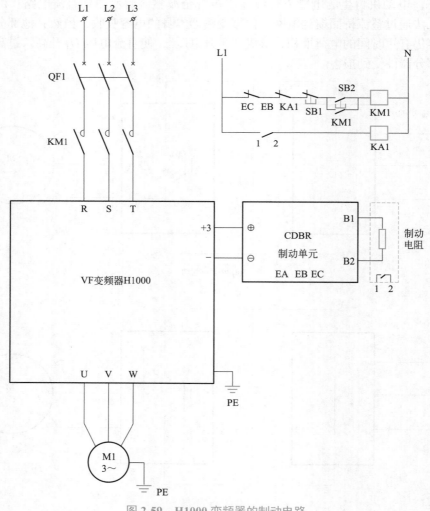

图 2-59 H1000 变频器的制动电路

（3）变频器参数设置

表2-14为H1000变频器制动的参数设置。使用制动单元（CDBR）时（不使用内置制动晶体管时），请务必将L8-55（内置制动晶体管的保护）设定为0（无效）。否则可能发生rF（制动电阻器电阻值异常）。使用制动单元（CDBR）、制动电阻器或制动电阻器单元（LKEB）时，请将L3-04（减速中防止失速功能的选择）设定为0（无效）。如果不变更而直接使用，则在设定的减速时间内可能不会停止。

表2-14　H1000变频器制动的参数设置

参数	描述	实际设置值	备注
L8-55	内置制动晶体管保护的选择	0	无效
L3-04	减速中防止失速功能的选择	0	无效

如果使用ERF型制动电阻器（安川公司生产），请将L8-01 [安装型制动电阻器的保护（ERF型）] 设定为1（有效）。使用其他的制动电阻器代替时，请务必利用热继电器进行保护。

【案例17】　H1000变频器的并联制动

视频讲解

（1）工程案例说明

由于制动单元的规格并不是以电机的规格为基础，而是按照制动时的电流来选配的，因此制动单元的型号相对较少，只有几种。当单个的制动单元并不能完全解决制动问题时，就可以采用扩充应用方案，也就是制动单元并联的方案。

为了判断是否需要并联制动，这里介绍制动的三个计算公式。

① 制动转矩 T_B 的计算　假设电机从现在的运行速度开始制动，在一定的减速时间里，到达一个新的稳定转速，这样的一个制动过程所需的电磁转矩 T_B 可以由以下公式计算：

$$T_B = \frac{(GD_M^2 + GD_L^2)(N_1 - N_2)}{375t_s} - T_L \tag{2-5}$$

式中，T_B 为制动电磁转矩，N·m；GD_M^2 为电机的转动惯量，kg·m²；GD_L^2 为电机负载侧折算到电机侧的转动惯量，kg·m²；T_L 为负载阻转矩，N·m；N_1 为制动前电机速度，r/min；N_2 为制动后电机转速，r/min；t_s 为减速时间，s。

一般情况下，在进行电机制动时，电机内部存在损耗，折合成制动转矩大约为电机额定转矩的20%，因此若所计算出的制动电磁转矩小于20%的电机额定转矩，则表明无需外接制动装置。

在能耗制动中，要有足够的制动转矩才能产生需要的制动效果，制动转矩太小，变频器仍然会过电压跳脱。制动转矩越大，制动能力越强，制动性能越好。但是，制动转矩要求越大，设备投资也会越大。在制动转矩进行精确计算出现困难的时候，可以通过估算来满足工程要求。

有这样一些经验值：按 100% 制动转矩设计，可以满足 90% 以上的负载；对电梯、提升机、吊车，按 100% 计算；开卷和卷取设备，按 120% 计算；离心机负载为 100%；需要急速停车的大惯性负载，可能需要 120% 的制动转矩；普通惯性负载为 80%。在极端的情况下，制动转矩可以设计为 150%，此时对制动单元和制动电阻都必须仔细核算，因为此时设备可能工作在极限状态，一旦计算错误可能会损坏变频器本身。超过 150% 的转矩是没有必要的，因为超过这个数值，变频器本身也工作到了极限，没有增大的余地了。

② 制动电阻阻值的计算　制动电阻的选择必须基于这样一个原则：电机再生电能必须被电阻完全吸收。

在制动单元工作过程中，直流母线的电压升降取决于常数 RC，R 为制动电阻的阻值，C 为变频器电解电容的容量。由充放电曲线知道，RC 越小，母线电压的放电速度越快，在 C 保持一定（变频器型号确定）的情况下，R 越小，母线电压的放电速度越快。由以下公式可以求出制动电阻的阻值（Ω）：

$$R_{\mathrm{B}} = \frac{U_{\mathrm{C}}^2}{0.1047(T_{\mathrm{B}} - 0.2T_{\mathrm{M}})N_1} \tag{2-6}$$

式中，U_{C} 为制动单元动作电压值，通常取 710V；T_{M} 为电机额定转矩，N·m。

这里，设定 N_2 为 0，这样该阻值就能满足电机各种减速状况的要求。

③ 制动单元的选择　在进行制动单元的选择时，制动单元工作时流过开关管的最大瞬时电流要小于该器件的额定电流是选择的唯一依据，通过计算出最大电流值，就可以选择合适的制动单元，计算公式如下：

$$I_{\mathrm{C}} = \frac{U_{\mathrm{C}}}{R_{\mathrm{B}}} \tag{2-7}$$

式中，U_{C} 为制动单元直流母线电压值，V；R_{B} 为制动电阻阻值，Ω；I_{C} 为制动电流瞬时值，A。

(2) 硬件电路说明

图 2-60 为安川制动单元经并联后与 H1000 变频器相连的主电路，控制电路同【案例 16】。

多台制动单元并联运行，优先选取其中一台作为主控制，其余的作为从控制。从图 2-60 中可以看到，制动单元 1 作为主站单元，制动单元 2、3 作为从站单元；制动电阻单元的过热保护接线（1 和 2 常开）需要串联来控制接触器 KM1。安川制动单元的出厂设定为 OUT（主站），如果将制动单元（CDBR）作为从站使用时，请按照图 2-61 进行设定主站／从站。

制动单元（CDBR）间（OUT1-IN1，OUT2-IN2）要使用 1m 以下的双股绞合屏蔽线进行接线。

(3) 变频器参数设置

表 2-15 为 H1000 变频器并联制动的参数设置，与【案例 16】一致。

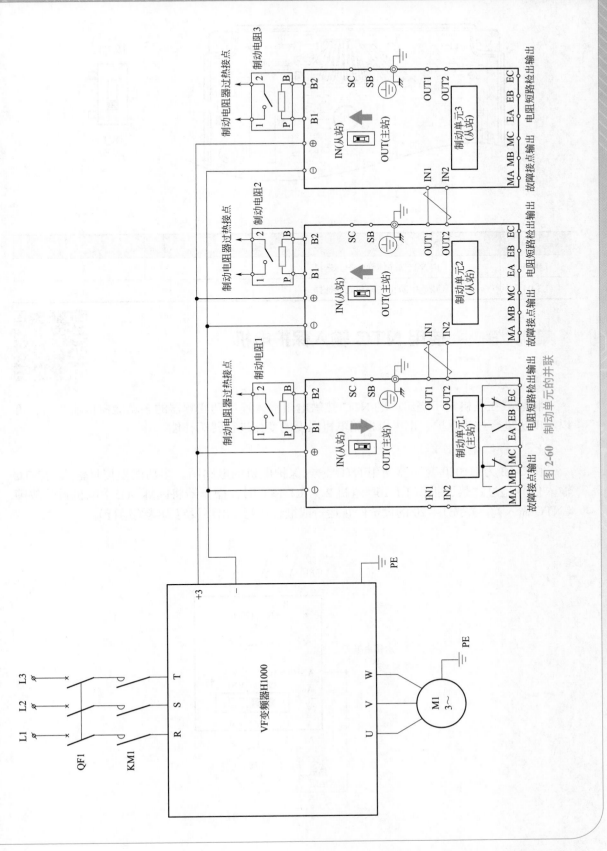

图 2-60 制动单元的并联

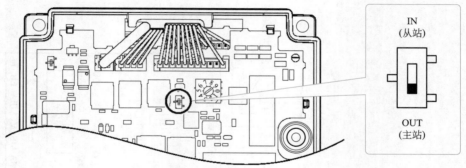

图 2-61　制动单元的主站 / 从站选择开关

表 2-15　H1000 变频器并联制动的参数设置

参数	描述	实际设置值	备注
L8-55	内置制动晶体管保护的选择	0	无效
L3-04	减速中防止失速功能的选择	0	无效

【案例 18】　使用 NTC 输入保护电机

视频讲解

（1）工程案例说明

将埋藏在电机定子绕组内的 NTC 热敏电阻输入连接到变频器的多功能模拟输入后，可以对电机进行过热保护，也可以根据电机温度的变化进行转矩补偿。

（2）硬件电路说明

图 2-62 为 H1000 变频器使用 NTC 输入保护电机的电路图。多功能模拟量输入的 NTC 输入信号超过过热警报值 L1-16（电机 2 为 L1-18）时，操作器将闪烁 oH5 ［电机过热故障（NTC 输入）］，并按 L1-20 的设定停止运行或继续运行（出厂设定为继续运行）。

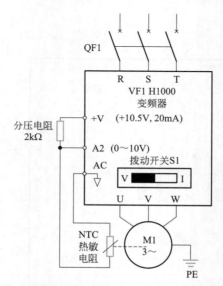

图 2-62　使用 NTC 输入保护电机的电路图

图 2-62 中使用 NTC 热敏电阻的回路示例对应的温度 - 电阻值特性如图 2-63 所示。将端子 A2 连接 NTC 输入时，请将拨动开关 S1 置于 V 侧（电压模式）。另外，H3-10 设定为 17，H3-09 设定为 0。

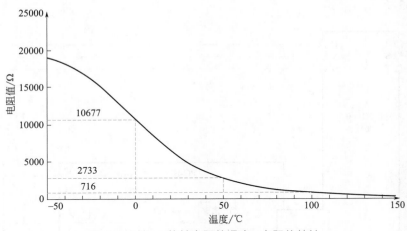

图 2-63　NTC 热敏电阻的温度 - 电阻值特性

需要注意的是，本功能仅适用于 CIMR-H 4A0810、4A1090。

（3）变频器参数设置

使用 NTC 输入对变频器进行过热保护的参数设置主要包括 A2 端子设定、热敏电阻选择等（表 2-16）。

表 2-16　参数设置

参数	描述	实际设置值	备注
H3-9	端子 A2 信号电平选择	0	$0 \sim 10V$
H3-10	多功能模拟量输入的设定值	17	电机热敏电阻（NTC）
L1-13	电子热继电器继续选择	1	使用热敏电阻（NTC）
L1-15	电机 1 的热敏电阻选择	1	有效
L1-16	电机 1 的过热温度	120	$50 \sim 200℃$
L1-19	热敏电阻断线时（THo）的动作选择	3	继续运行
L1-20	电机过热（oH5）发生时的动作选择	1	自由运行停止

【案例 19】　带 PG 的 V/f 控制

视频讲解

（1）工程案例说明

由于在 V/f 控制时，缺少电机实际转速的反馈信号，因此电机转速是计算出来的。在很多场合，需要转速相对精确控制时，需要进行带 PG 的 V/f 控制，即闭环 V/f 控制。

（2）硬件电路说明

图 2-64 为 H1000 变频器带 PG 的 V/f 控制电路图。编码器选用常见的欧姆龙公司的增量型 NPN 集电极开路输出 E6B2-CWZ6C，其技术指标如表 2-17 所示（这里选 1024 脉冲 / 转），外观如图 2-65 所示。

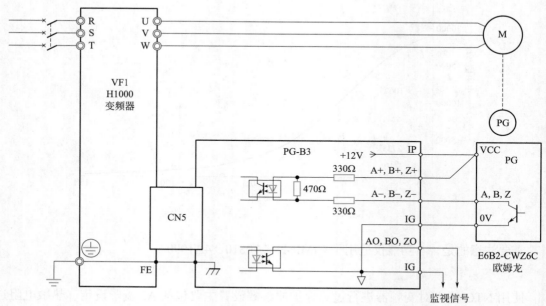

图 2-64　H1000 变频器带 PG 的 V/f 控制电路图

表 2-17　E6B2-CWZ6C 编码器技术指标

项目	E6B2-CWZ6C
电源电压	DC（5V-0.25V）～（24V+3.6V）纹波（p-p）5% 以下
消耗电流	80mA 以下
分辨率（脉冲 / 转）	10、20、30、40、50、60、100、200、300、360、400、500、600、720、800、1000、1024、1200、1500、1800、2000
输出相	A 相、B 相、Z 相
输出相位差	A 相、B 相的相位差 90°±45°
输出形式	NPN 集电极开路输出
输出容量	施加电压：DC30V 以下 负载电流：35mA 以下 残留电压：0.4V 以下 （负载电流 35mA 时）
最高响应频率	100kHz

图 2-65　欧姆龙编码器外观

在 H1000 与欧姆龙编码器进行接线时，需要将 PG 电源电压值切换跳线（CN3）设置到合适的位置，如表 2-18 所示。

表 2-18　PG 电源电压值切换跳线设置

电压值	5.5V±0.275V（出厂设定）	12.0V±0.6V
跳线（CN3）的位置		

（3）变频器参数设置

图 2-66 为编码器 A 相、B 相信号相位关系图。当为两相脉冲、三相脉冲的 PG 时，根据 90°超前的脉冲来识别旋转方向。如果来自 PG 的输出为"A 相比 B 相超前 90°"，则电机为正转（从负载侧看为反转）。

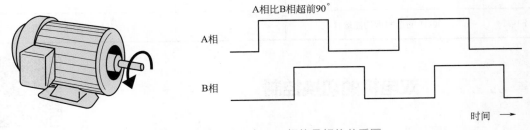

图 2-66　编码器 A 相、B 相信号相位关系图

接通变频器的电源后，用手稍微转动电机轴，确认电机的旋转方向是否与选购件的连接及设定一致。电机正转时，U1-05 中显示正值，反转时则显示负值。使电机向正转方向旋转时，如果 B 相比 A 相超前 90°，请将参数 F1-05（PG1 的旋转方向设定）或 F1-32（PG2 的旋转方向设定）设定为 1，或如图 2-67 所示，调换 A 相和 B 相的信号线后再与选购卡连接。

图 2-67 A 相和 B 相信号线的调换

对于脉冲的相数还有如下规定：

① 单相脉冲。在带 PG V/f 控制模式连接单脉冲 PG 时，将来自 PG 的脉冲输出连接到选购卡，并将 F1-21 设定为 0。

② 两相脉冲。与两相脉冲的 PG 连接时，将 PG 的 A 相、B 相输出连接到选购卡，并将 F1-21 设定为 1。

③ 三相脉冲。与三相脉冲的 PG 连接时，分别连接到各选购卡端子排的 A、B、Z 端子上。

表 2-19 为 H1000 变频器带 PG 的 V/f 控制参数设置（这里以常见的两相脉冲为例）。

表 2-19　H1000 变频器带 PG 的 V/f 控制参数设置

参数	描述	实际设置值	备注
A1-02	控制模式的选择	1	带 PG V/f 控制
F1-01	PG1 的参数	1024	分辨率
F1-02	PGo（PG 断线）检出时的动作选择	0	减速停止（按 C1-02 的减速时间停止）
F1-05	PG1 的旋转方向设定	按实际设置	0：电机正转时 A 相超前 1：电机正转时 B 相超前
F1-20	PG1 的硬件断线检出选择	1	有效
F1-21	PG1 的选购卡功能选择	1	两相脉冲（A 相、B 相）

【案例 20】　双电机的切换控制

视频讲解

（1）工程案例说明

在很多重要的工业场合，比如电厂、公用设备中，需要对生产进行不间断控制，往往会采用一用一备的电机控制方式，这时候如果电机是由变频器带动的，该变频器需要具有双电机切换功能。

（2）硬件电路说明

图 2-68 和图 2-69 为 A1000 变频器的双电机切换主电路和控制电路，通过输入端子的开/闭（即 KA2 的触点带动 S2 开或闭），可在电机 1（输入端子 S2 断开）和电机 2（输入端子

S2 闭合）之间进行切换。为了防止在运行中进行切换，需要设置 M1/M2 运行输出的继电器 KA1 进行触点联锁，其对应的 H2-01 设置为 0（缺省参数）。

（3）变频器参数变化情况

切换电机后，变频器内部使用的参数也将发生切换。根据电机切换指令而切换的参数如表 2-20 所示，并注意如下几点：

① 使用两台电机时，L1-01 中设定的电机保护功能选择（oL1）适用于任意一台电机。

② 运行中不能进行电机 1 和电机 2 的切换。如果试图切换电机，将会发生 rUn 故障。

③ 切换带 PG 的电机而使用时，切换时的等待时间为 500ms。

④ 使用 PM 控制模式时，不能进行电机切换。

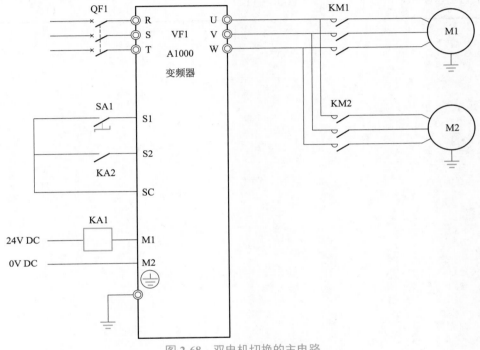

图 2-68　双电机切换的主电路

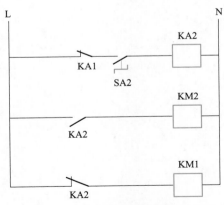

图 2-69　双电机切换的控制电路

表 2-20　电机切换后的变频器参数变化情况

参数	电机切换指令：开（电机 1）	电机切换指令：闭（电机 2）
C1- □□（加减速时间）	C1-01 ～ C1-04	C1-05 ～ C1-08
C3- □□（滑差补偿）	C3-01 ～ C3-04	C3-21 ～ C3-24
C4- □□（转矩补偿）	C4-01	C4-07
C5- □□ [速度控制（ASR）]	C5-01 ～ C5-08、C5-12、C5-17、C5-18	C5-21 ～ C5-28、C5-32、C5-37、C5-38
E1- □□、E3- □□（V/f 特性） E2- □□、E4- □□（电机参数）	E1- □□、E2- □□	E3- □□、E4- □□
F1- □□（PG 参数）	F1-01 ～ F1-21	F1-02 ～ F1-04、F1-08 ～ F1-11、F1-14、F1-31 ～ F1-37

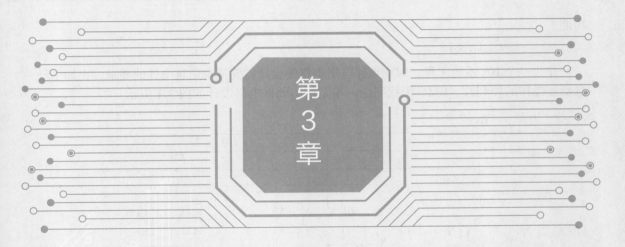

第 3 章

变频器在水泵和风机控制中的工程案例

泵和风机类负载是目前工业现场应用变频器最多的设备，主要以离心泵和离心风机为主。水泵又分排水泵、空调水泵、陈列（冷藏）柜水泵、灌药泵、大型高压（中压）水泵等等；风机分换（排）气风机、冷却风机、锅炉鼓风机、温室（房）温控风机等等。变频调速节能控制装置的特点是效率高，没有因调速带来的附加转差损耗，调速范围大，精度高，可实现无级调速，而且容易实现自动控制和 PID 闭环控制。由于可以利用原笼式电动机，所以特别适合对旧设备的技术改造，既保持了原电动机结构简单、可靠耐用、维修方便的优点，又能达到节电的显著效果，是水泵和风机交流调速节能的理想方法。本章主要介绍了 10 个变频器在水泵和风机控制中的应用案例。

3.1　单泵变频控制工程案例

【案例 21】　BA 系统对 15kW 水泵的变频控制

视频讲解

（1）工程控制要求

BA 系统是楼宇设备自控系统（Building Automation System）的简称，在现场各智能分站（即 DDC）进行连接，并进行传感和指令数据交互，实现设备集中控制。

现要求对某 BA 系统中的 15kW 水泵进行西门子 V20 变频控制，要求该水泵能进行手动 / 自动控制，变频器需要有接触器实现进线关断功能，控制柜具有变频报警、运行指示等功能。

（2）硬件电路设计

作为一个 BA 系统工程，对变频器应用电路的设计需要符合建筑电气的要求，比如手动 /
自动、操作的便利性、EMC 干扰问题。本案例的硬件电路设计如图 3-1 所示。

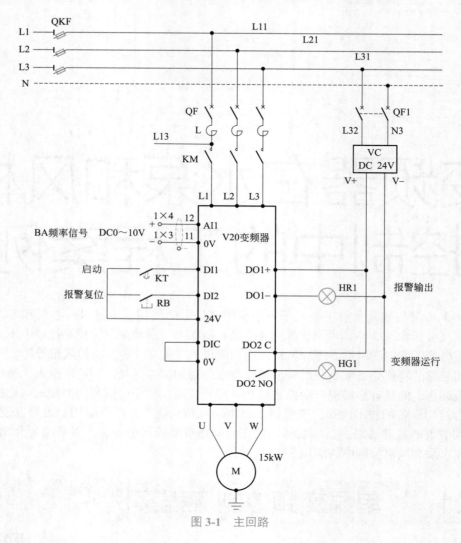

图 3-1 主回路

① 工作原理 变频器的进线包括断路器 QF 和接触器 KM，由于 KM 接通后，变频
器就进入通电状态，但不能马上使用，这是因为变频器通电需要时间，以确保直流回路
的电解电容的充电基本完成、通电缓冲电阻被自动切除，所以在图 3-2 的控制回路中，
接入了一个时间继电器 KT（比如设定 10s），而 KT 的触点作为变频器的启 / 停信号，与
DI1 相连。

变频器的故障报警输出和运行信号采用变频器的多功能输出 DO1 和 DO2，需要注意的
是，前者是晶体管输出，后者是继电器输出。

变频器故障报警输出后，可以采用按钮进行复位，如 RB 按钮接入到 DI2 中。

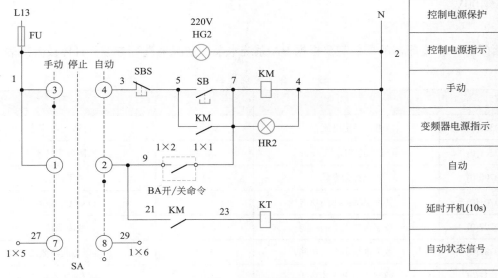

| | 控制电源保护 |
| 控制电源指示 |
| 手动 |
| 变频器电源指示 |
| 自动 |
| 延时开机(10s) |
| 自动状态信号 |

图 3-2　控制回路

　　由于在整个 BA 系统中，变频器只是一个单独的执行机构，因此，变频器需要接收来自 BA 系统的启/停信号和水泵运行频率；同时，变频器也可以接收手动控制，以备调试或紧急情况。这种方式最好选用万能转换开关，比如 SA，它可以提供手动或自动时的多副触点。如表 3-1 所示，1-2、7-8 触点为自动；反之，3-4、5-6 触点为手动。BA 系统来的信号，1×1、1×2 为变频器启/停，1×3、1×4 为变频器频率信号（DC0 ～ 10V）；给 BA 系统的信号，图 3-2 中只给出了状态信号 1×5、1×6，即自动状态信号，如果需要变频器故障信号、运行信号，则只需要将图 3-1 中的 HR1 和 HG1 指示灯换成 24V DC 继电器即可。

表 3-1　开关 SA（LW18-16/4.0401.2）接点示意

接点	手动	停止	自动
	45°	0°	45°
1-2			×
3-4	×		
5-6	×		
7-8			×

　　② 电抗器选型　图 3-3 所示的进线电抗器既能阻止来自电网的干扰，又能减少整流单元产生的谐波电流对电网的污染，当电源容量很大时，更要防止各种过电压引起的电流冲击，因为它们对变频器内整流二极管和滤波电容器都是有害的。

　　因此接入进线电抗器，对改善变频器的运行状况是有好处的。在本案例中，进线电抗器 L 的选型至关重要，其技术规格为：绝缘结构，干式电抗器；有无铁芯，铁芯式电抗器；绕组型式，箔绕；额定电流 30A；系统额

图 3-3　进线电抗器外观

定电压 400V。

(3) 变频器参数设置

西门子 V20 变频器的参数需要根据 BA 系统水泵的情况来进行考虑，具体设置见表 3-2。

表 3-2　V20 变频器参数设置

参数	说明	实际设置值	备注
P0305[0]	电机额定电流 /A	实际值	实际额定电流值
P0311[0]	电机额定转速 /（r/min）	实际值	实际额定转速
P0700[0]	选择命令源	2	端子控制
P0701[0]	数字量输入 1 的功能	1	ON/OFF 命令
P0702[0]	数字量输入 2 的功能	9	故障确认
P0731[0]	数字量输出 1 的功能	52.3	变频器故障激活
P0732[0]	数字量输出 2 的功能	52.2	变频器正在运行
P1000[0]	选择频率	2	模拟量输入
P1080[0]	最小频率 /Hz	15	水泵运行最低频率
P1082[0]	最大频率 /Hz	50	水泵运行最高频率
P1110[0]	BI：禁止负的频率设定值	1	禁止水泵反转

【案例 22】　变频供水控制柜的设计

视频讲解

(1) 工程控制要求

在变频器实际应用中，大多数将变频器直接安装于工业现场。工作现场一般灰尘大、温度高，在南方还有湿度大的问题。对于线缆行业还有金属粉尘；在陶瓷、印染等行业还有腐蚀性气体和粉尘；在煤矿等场合，还有防爆的要求；等等。因此必须根据现场情况做出相应的对策。

变频器安装在控制柜内部是最普遍的安装方式，占到变频器应用环境的 90% 以上。从众多的变频器手册中，这里把变频器的安装环境归纳了一下，应该至少满足以下几个条件：

① 变频器应垂直安装；

② 环境温度应该在 -10 ～ 40℃的范围内，如温度超过 40℃时，需外部强迫散热或者降额使用，有些变频器的上限温度为 50℃；

③ 湿度要求低于 95%，无水珠凝露；

④ 外界振动小于一定值（如 0.5g 或 0.6g）；

⑤ 避免阳光直射；

⑥ 无其他恶劣环境，如多粉尘、金属屑、腐蚀性流体等。

典型的变频控制柜的设计示例，显然这里考虑比较多的是散热和防护等级（图 3-4）。

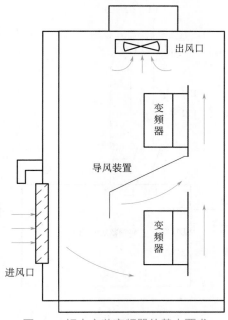

図 3-4　柜内安装变频器的基本要求

在变频器的散热方式中，自然散热和对流散热都是利用环境中空气的交换，因此在控制柜内安装这两种散热方式的变频器，必须考虑到风道设计。通常，控制柜的进风口可以选择柜门前侧底部，出风口可以选择顶部散热，在多台变频器安装时，必须考虑导风装置，以避免变频器上下单纯的层叠式安装。因为在这种层叠式安装设计中，最下面变频器散热后的热风将直接吸入到上面变频器的进风口，最后导致散热效果差。装设了导风装置后，能够保证不同位置的变频器进风温度相当。

在变频器的散热设计中，对于风机的启停可以有两种控制方式：①与变频器的启停联锁，变频器开则风机开，变频器停则风机停；②设计柜内温控开关，通过温控器的 ON/OFF 动作来控制风机的启停。

对于进风口和出风口的开孔位置，必须考虑到整体性效果，如在拼柜式安装中，出风口在左侧或右侧都是不现实的，一般选择在顶部。

（2）硬件电路设计

图 3-5 ～图 3-10 为变频供水控制柜主电路、进线电压表指示电路、电机电流指示电路、变频供水控制柜控制电路、变频器柜的风机控制和变频供水控制柜面板。

变频供水控制柜设计原理如下：

① 需要在变频供水控制的主回路中对进线电压进行指示，增加 PV 电压表。

② 需要对水泵电机的电流进行检测并指示，增加 PA1 电流表。

③ 变频器只有无故障时才能进行通电，即 KM 闭合；一旦变频器故障，变频器的 DO2NO、DO2COM 动作，则 KX1、KM 断开，变频器断电。

④ 控制柜上有按钮可以手动启停变频器，有故障指示灯、运行指示灯。

⑤ 变频器柜内的风机 M2 是由 KX2 控制，也就是变频器一旦运行，则风机也自动运行；风机 M3 由手动选择开关 SA 控制。

⑥ 变频供水控制柜面板的设计以简洁明了为主。

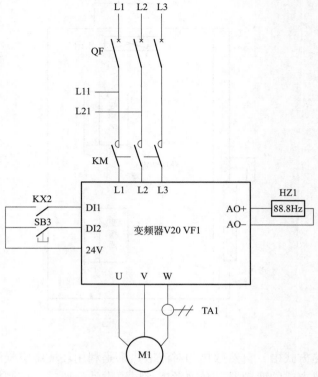

图 3-5 变频供水控制柜主电路

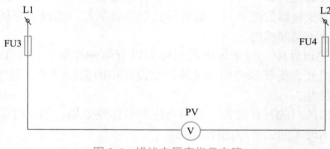

图 3-6 进线电压表指示电路

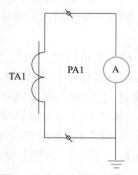

图 3-7 电机电流指示电路

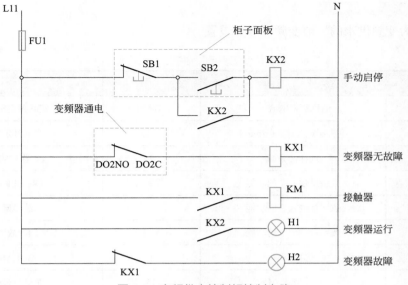

图 3-8　变频供水控制柜控制电路

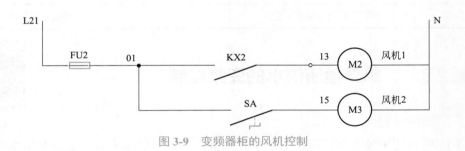

图 3-9　变频器柜的风机控制

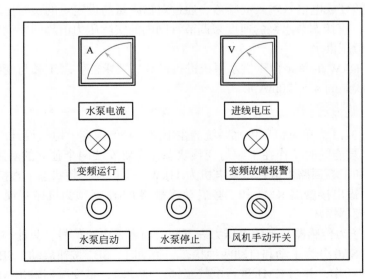

图 3-10　变频供水控制柜面板

（3）变频器参数设置

表 3-3 为变频供水的一般变频器参数设置。

表 3-3　变频供水控制柜参数设置

参数	说明	实际设置值	备注
P0305[0]	电机额定电流 /A	实际值	实际额定电流值
P0311[0]	电机额定转速 /（r/min）	实际值	实际额定转速
P0700[0]	选择命令源	2	端子控制
P0701[0]	数字量输入 1 的功能	1	ON/OFF 命令
P0702[0]	数字量输入 2 的功能	9	故障确认
P0732[0]	数字量输出 2 的功能	52.3	变频器故障激活
P1000[0]	选择频率	1	BOP MOP
P1080[0]	最小频率 /Hz	15	水泵运行最低频率
P1082[0]	最大频率 /Hz	50	水泵运行最高频率
P1110[0]	BI：禁止负的频率设定值	1	禁止水泵反转

【案例 23】　单泵恒压供水的变频控制

视频讲解

（1）工程控制要求

图 3-11 所示的单泵变频恒压供水是一种最基本的恒压供水方式，也就是出水管路上只配置有单台泵，且通过变频器来进行压力控制。具体工作流程为：压力传感器将供水管网内的动态压力信号转变成电信号输入变频器，通过对输入量与设定量的实时比较分析，变频器经过内置 PID 后，直接调节水泵的速度来调节管网内的实际压力值趋向于设定压力值，从而实现闭环控制的恒压供水。

现要求对某 11kW 的单泵恒压供水系统进行设计，要求能实现工频与变频的切换，其中压力传感器为二线制的 4 ~ 20mA 形式。

（2）硬件电路设计

图 3-12 和图 3-13 为单泵恒压供水系统的主电路、控制电路。电气设计原理如下：

① 为确保水泵能同时工作在工频与变频状态，需要安装两个独立的断路器 QF1、QF2，以分别对变频器和工频回路供电，水泵电机为 11kW，可以在工频状态下直接启动。

② 变频器的输出接触器 KM1 和工频启动接触器 KM2 必须为机械互锁，如果两者同时闭合，将造成变频器损坏。

③ 二线制的压力传感器与远传电压力表不同，前者是电流信号，只能与 A2 端子相连。

④ 选择开关 SA0 分为手动和自动两种状态。手动时，SB2 按钮启动、SB1 按钮停止，控制接触器 KM2 的动作，并与 KM1 进行电气互锁；自动时，带变频器输出 M1、M2（变频器准备信号）OK 后才使 KM1 动作，并使得 S1 与 SC 之间闭合，使变频器处于 PID 压力控制中。

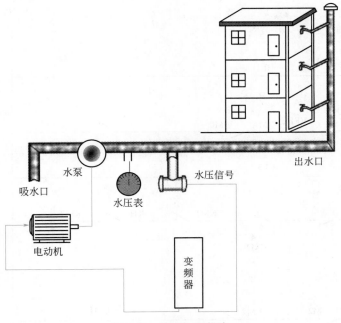

吸水口

水泵

水压表

水压信号

出水口

电动机

变频器

图 3-11 单泵恒压供水

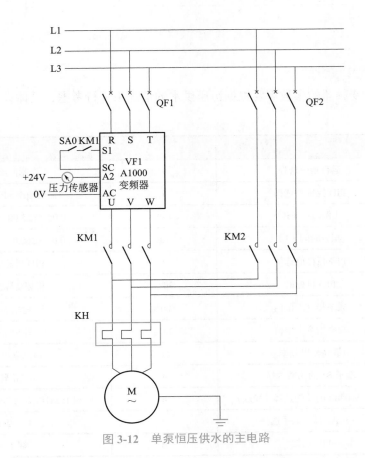

图 3-12 单泵恒压供水的主电路

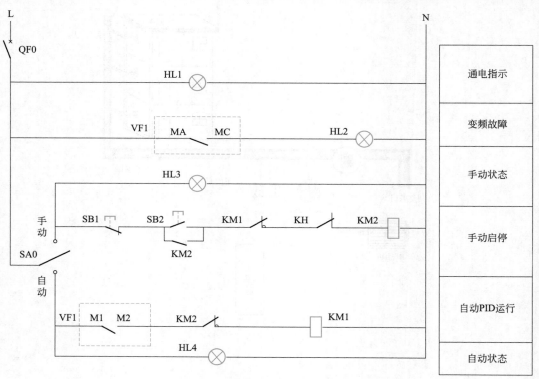

图 3-13　单泵恒压供水的控制电路

（3）变频器参数设置

安川 A1000 变频器的参数需要根据恒压供水的情况来进行考虑，具体设置见表 3-4。

表 3-4　A1000 变频器的参数设置

参数	描述	实际设置值	备注
b1-02	运行指令选择	1	控制回路端子
b5-01	PID 控制的选择	1	输出频率 =PID 输出 1
b5-02	比例增益（P）	1.00	0.00 ～ 25.00（实际设定）
b5-03	积分时间（I）	1.0	0.0 ～ 360.0s（实际设定）
b5-18	PID 目标值选择	1	PID 目标值有效
b5-19	PID 目标值	30%	根据实际值设定
d2-01	频率指令上限值	100%	输出 50Hz
d2-02	频率指令上限值	30%	输出 15Hz
E1-04	最高输出频率	50	最高输出 50Hz
H1-01	端子 S1 的功能选择	40	正转
H2-01	端子 M1-M2 的功能选择（接点）	6	端子 M1-M2 的功能选择（接点）
H3-09	端子 A2 信号电平选择	2	4 ～ 20mA
H3-10	PID 反馈	B	端子 A2

【案例 24】　5.5kW 水泵一用一备的变频控制

（1）工程控制要求

某水泵一用一备控制系统如图 3-14 所示，它包括两台 5.5kW 水泵，其出口端用远传电压力表来进行压力控制，在水箱内安装了水位传感器以进行水位控制，保证水箱供水正常。现控制要求如下：①两台水泵共用 1 台 5.5kW 变频器，任何一台水泵既能工作在工频方式下，也能工作在变频方式下；②压力控制通过变频器内置的 PID 进行；③两台水泵能进行手动和自动控制，在自动控制时，能任意设定三种方式，即 1# 变频、2# 变频和自动轮换；④能在水源缺水情况下紧急停机；⑤具有各种运行状态或故障指示。

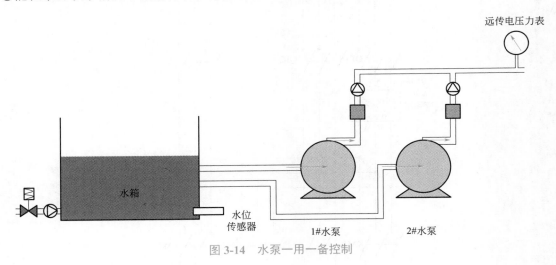

图 3-14　水泵一用一备控制

（2）硬件电路设计

图 3-15 为水泵一用一备的主回路，图 3-16 为控制回路，图 3-17 为变频器控制端子接线。电气设计原理如下：

① 变频器输出端通过 KM1 和 KM3 与 1# 水泵电机、2# 水泵电机相连，而 KM2 和 KM4 则连接工频电源，这里必须防止的是工频电源直接接至变频器的输出端 U/V/W，最好的办法就是要选择机械联锁接触器，即 KM1 与 KM2、KM3 与 KM4 分别采用 1 对机械联锁接触器。

② 当水泵工作在工频电源时，必须要有热继电器进行保护，即主电路的中 KH1 和 KH2；变频器、工频都采用单独的进线断路器，以确保在故障时也能使用其中一种工作方式。

③ SAC2 选择开关，可以工作在手动、停止和自动状态。其中在手动状态时，1# 手动工频运行用按钮 SB2 启动、用按钮 SB1 停机；2# 手动工频运行用按钮 SB4 启动、用按钮 SB3

停机。

④ SAC2 工作在自动状态时，通过 SAC3 还可以继续选择"1# 变频、自动轮换、2# 变频"三种工作方式。在"1# 变频"时，"变频器准备信号"KA1 动作，则 KM1 也动作，带动 DI1 动作，变频器运行在 PID 状态，根据远传电压力表的实际压力值，通过与变频器内部的设定值进行比较来控制水泵的输出频率；当变频器运行在 50Hz 时，表明变频器达到上限，也就意味着变频器带动的水泵出水量不够，需要开启备用泵，即 2# 泵；此时 KA2 吸合，带动 KM4 动作，2# 泵处于工频状态；如果压力够了，则 KA2 断开，2# 泵停机。"2# 变频"状态则与此类似。在"自动轮换"时，则先是 KM1 吸合动作，1# 水泵变频；当水压不够时，KA2 吸合，则 KM3 吸合，2# 泵变频；KM1 则断开，KM2 吸合，刚好进行轮换。

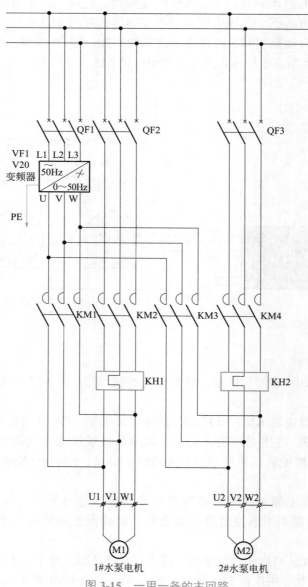

图 3-15 一用一备的主回路

⑤ 由于水源缺水保护，则会在 SAC2 处于"自动"时，变频器 VF1 的 DI2 闭合，直接中断变频器输出，从而工频也会自动切除。

⑥ 远传电压力表接入到变频器 VF1 的 AI1 端子上，由于常见压力表的电阻都是几百欧，因此，最好串联一个 600Ω 的电阻，以提高其内阻。

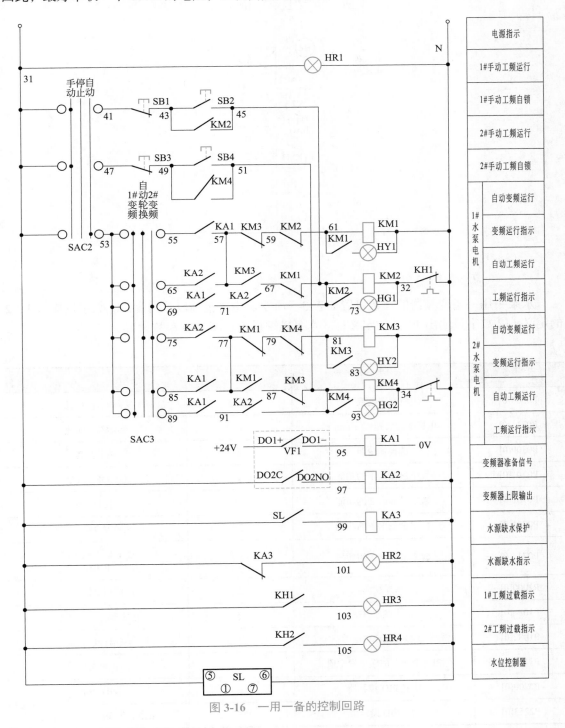

图 3-16　一用一备的控制回路

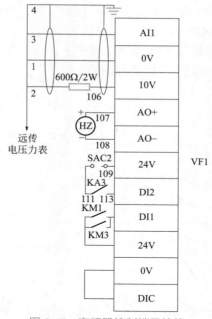

图 3-17 变频器控制端子接线

（3）变频器参数设置

水泵一用一备变频器的参数设置如表 3-5 所示。主要包括以下内容：①数字量输入 1、2 的定义；②数字量输出 1、2 的定义；③水泵频率设置；④ PID 参数设置。

表 3-5 水泵一用一备变频器参数设置

参数	说明	实际设置值	备注
P0305[0]	电机额定电流 /A	实际值	实际额定电流值
P0311[0]	电机额定转速 /（r/min）	实际值	实际额定转速
P0700[0]	选择命令源	2	端子控制
P0701[0]	数字量输入 1 的功能	1	ON/OFF 命令
P0702[0]	数字量输入 2 的功能	29	外部跳闸
P0731[0]	数字量输出 1 的功能	52.1	变频器准备状态
P0732[0]	数字量输出 2 的功能	52.1	变频器上限输出 $\|f_{act}\| \geqslant$ P1082（f_{max}）
P1000[0]	选择频率	2	模拟量输入
P1080[0]	最小频率 /Hz	15	水泵运行最低频率
P1082[0]	最大频率 /Hz	50	水泵运行最高频率
P1110[0]	BI：禁止负的频率设定值	1	禁止水泵反转
P2200[0]	使能 PID 控制器	1	PID 使能
P2253[0]	CI：PID 设定值	225.0	BOP 作为 PID 目标给定源

参数	说明	实际设置值	备注
P2264[0]	CI：PID 反馈	755.0	反馈 = 模拟量输入 1
P2265	PID 反馈滤波时间常数 /s	1	范围：0.00 ～ 60.00s
P2274	微分时间设置	0	通常微分需要关闭，设置为 0
P2280	P 参数	需要根据现场调试	比例增益设置
P2285	I 参数	需要根据现场调试	积分时间设置

【案例 25】 三泵恒压供水的 PLC 与变频控制

视频讲解

（1）工程控制要求

多泵单变频恒压供水是典型的"一拖多"控制方案，供水设备主要由压力传感器、PLC（或微机控制器）、变频器及水泵机组组成。对于多台泵调速的方式，系统通过计算判定目前是否已达到设定压力，决定是否增加（投入）或减少（撤出）水泵。即：当一台水泵工作频率达到最高频率时，若管网水压仍达不到预设水压，则将此台泵切换到工频运行，变频器将自动启动第二台水泵，控制其变频运行。此后，如压力仍然达不到要求，则将该泵又切换至工频，变频器软启动第三台泵，往复工作，直至满足设定压力要求为止（最多可控制六台水泵）。反之，若管网水压大于预设水压，控制器控制变频器频率降低，使变频泵转速降低，当频率低于下限时自动切掉一台工频水泵或此变频泵，始终使管网水压保持恒定。

图 3-18 为三台泵的变频恒压供水系统，M1 和 M2 为 7.5kW，M3 为 3kW，压力传感器为远传电压力表，变频器采用 1 台 A1000 变频器，请用 PLC 和变频器进行设计。

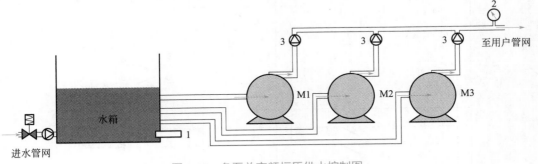

图 3-18 多泵单变频恒压供水控制图

1—水位传感器；2—压力传感器；3—逆止阀

（2）硬件电路设计

图 3-19 ～图 3-22 为三泵恒压供水的主回路、PLC 接线、变频器控制端子接线控制回路。电气设计原理如下：

① 在主回路中，由于三台泵的功率有差异，因此为了确保泵的使用安全，需要在变频器的出口端接入热继电器，这与【案例 24】略有不同。KM1 和 KM2、KM3 和 KM4、KM5 和 KM6 需要使用机械联锁的接触器。

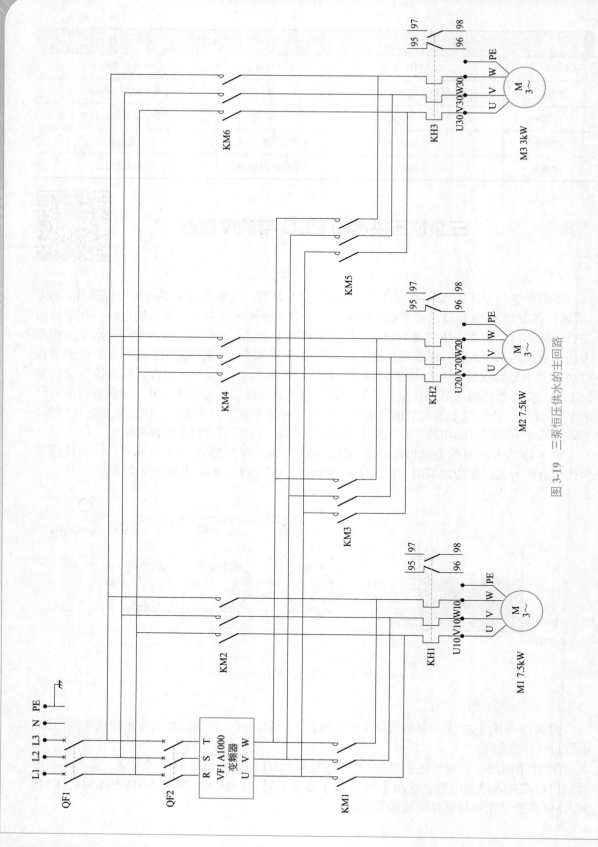

图 3-19 三泵恒压供水的主回路

② PLC 选型为继电器输出型，可以采用任何一种品牌，接线参考图 3-20。在 PLC 接线图中，HK 选择开关位于"手动"位置时，PLC 端子 L1、L2 不接通，因此，PLC 的输出均不动作，此时可以对 KM2、KM4、KM6 进行手动操作；当"自动"时，则进行 PLC 的控制。在该线路中，KA2、KA3 的线圈电压为 DC 24V。

③ 变频器采用安川 A1000。PID 控制的实际压力信号来自远传电压力表，该压力表供电为开关电源 5V DC，信号线接入到 A1 端；变频器提供三个数字量输出，即变频上限（用于增加水泵数量）、变频下限（用于减少水泵数量）、变频故障。

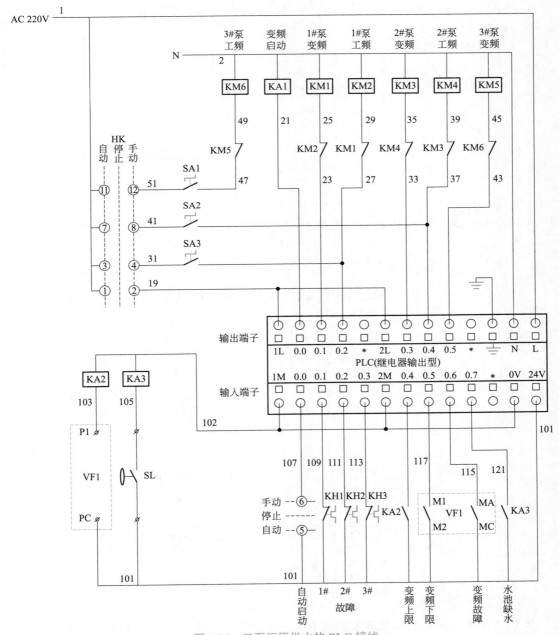

图 3-20 三泵恒压供水的 PLC 接线

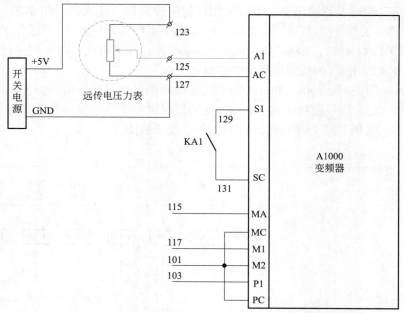

图 3-21　三泵恒压供水的变频器端子接线

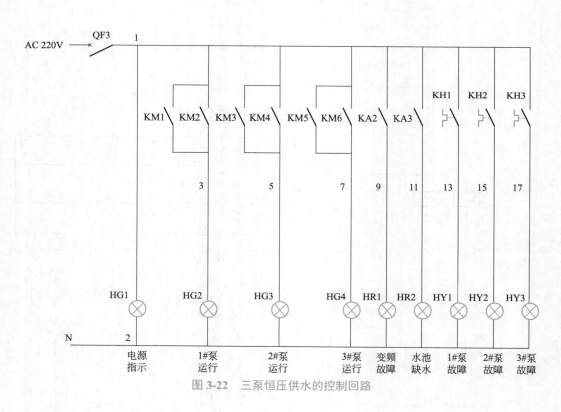

图 3-22　三泵恒压供水的控制回路

（3）变频器参数设置

安川 A1000 变频器的参数需要根据恒压供水的情况来进行考虑，具体设置见表 3-6。其中 M1、M2 和 P1、PC 多功能输出为变频下限和上限，采用频率检出的功能。

表 3-6　A1000 变频器的参数设置

参数	描述	实际设置值	备注
b1-02	运行指令选择	1	控制回路端子
b5-01	PID 控制的选择	1	输出频率 =PID 输出 1
b5-02	比例增益（P）	1.00	0.00 ～ 25.00（实际设定）
b5-03	积分时间（I）	1.0	0.0 ～ 360.0s（实际设定）
b5-18	PID 目标值选择	1	PID 目标值有效
b5-19	PID 目标值	30%	根据实际值设定
d2-01	频率指令上限值	100%	输出 50Hz
d2-02	频率指令上限值	30%	输出 15Hz
E1-04	最高输出频率	50	最高输出 50Hz
H1-01	端子 S1 的功能选择	40	正转
H2-01	端子 M1-M2 的功能选择	4	变频下限，即频率（FOUT）检出 1，输出频率等于或小于"L4-01 + L4-02 设定的检出幅度"
H2-02	端子 P1-PC 的功能选择	16	变频上限，即频率（FOUT）检出 4，输出频率等于或大于"L4-03 ± L4-04 设定的检出幅度"
H3-01	端子 A1 信号电平选择	0	0 ～ 10V（实际远传压力为 0 ～ 5V）
H3-02	PID 反馈	B	端子 A1
L4-01	频率检出值	15	最低 15Hz
L4-02	频率检出幅度	1	幅度 1Hz
L4-03	频率检出值	50	最高 50Hz
L4-04	频率检出幅度	0	幅度 0Hz

【案例 26】 多泵并联变频恒压变量供水

视频讲解

（1）工程控制要求

多泵并联变频恒压变量供水的工作模式通常是这样的：当用水流量小于一台泵在工频恒压条件下的流量时，由一台变频泵调速恒压供水；当用水流量增大时，变频泵的转速自动上升；当变频泵的转速上升到工频转速时，用水流量进一步增大，由 PLC 控制，自动启动一台工频泵投入，该工频泵提供的流量是恒定的（工频转速恒压下的流量），其余各并联工频泵按相同的原理投入。同时 PLC 还可以对恒压供水系统中的其他设备和工艺进行控制，充分体现了自动控制的优点。

某恒压供水系统包括 11kW 给水泵 2 台，一工频一变频；7.5kW 循环泵 2 台（工频）；3.5kW 冷却塔风机 2 台（工频）；3kW 洗澡水泵 1 台（工频），分成电气系统和管网系统两大部分。

其中电气系统又由检测部分、控制部分和执行部分组成。

电气系统的检测部分包括：管网水压检测仪，给水池和回水池水位高度检测浮球，电机热保护继电器，变频器故障信号继电器。

电气系统的控制部分包括：恒压供水系统控制核心 PLC，手动控制面板，手动控制开关，二次控制仪表，电气辅助元件。

电气系统的执行部分包括：电机变频器，电动水阀，水泵电机，冷却塔冷却风机，声光报警器，柜内电气执行元件（如交流接触器、中间继电器）。

管网系统的组成包括：给水池和回水池进水管路、溢流管路，给水泵和回水泵进水管路、出水管路，出水管路柔性连接器，出水管路止回阀，管路上的手动蝶阀，等。

（2）工艺要求与说明

本恒压供水系统的工作状态分为自动运行和手动运行两种。设备运行过程中操作人员必须经常检查给水池和回水池水位，水位必须符合水位要求，避免水位处在极限低水位上。

图 3-23 为恒压供水系统的板面安装图。

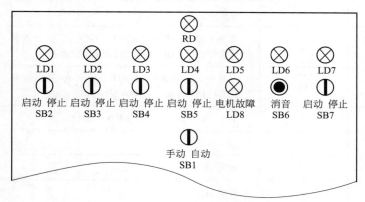

RD   电源指示灯(红色)
LD1   给水泵变频电机运行指示灯(绿色)
LD2   给水泵工频电机运行指示灯(绿色)
LD3   循环水泵工频电机1运行指示灯(绿色)
LD4   循环水泵工频电机2运行指示灯(绿色)
LD5   冷却塔风机1运行指示灯(绿色)
LD6   冷却塔风机2运行指示灯(绿色)
LD7   洗澡水电机运行指示灯(绿色)
LD8   电机故障运行指示灯(红色)

图 3-23　恒压供水系统的板面安装图

自动运行为所有设备正常情况下采取的运行方式，其特点在于设备系统投入后，控制单元可自动根据供水管网中的供水压力和用水流量，智能采取变频控制和自动投切工频供水水泵，并根据用水量和水池水位自动发出报警信号，同时能检测变频器和各个水泵电机的工作情况，如果变频器和水泵电机有故障则自动切除设备并发出报警信号。

手动运行为设备在有故障发生或在检修状态时使用，手动状态可以作为整个系统应急状态使用，但必须要确保给水池和回水池水位符合要求，即确保水池水位不在极限低水位之下，以避免烧坏给水泵或回水泵。

① 在操作前完成检查工作，合上柜内所有空气开关，系统通电，观察柜门上红色电源指示灯 RD，如果点亮，表示电源已经送上，此时禁止柜内维修操作（高电压危险）。观察 PLC 上指示灯，由黄色转变成绿色，即 PLC 进入正常工作状态。这时可以通过仪表门上的二次仪表观测到管网系统中的供水压力值。同时如果给水池水位在 -1.7m 以下，则给水池补水电磁阀在系统通电后自动打开（无论手动还是自动状态）。

② 自动运行方式：将控制面板上手 / 自动选择开关 SB1 旋转至自动位，系统进入自动运行状态。将控制面板上 SB2 变频供水启动旋转开关旋转至启动位，恒压供水系统投入自动运行。

注意

　　当将 SB1 旋转至启动位时，PLC 有 1min 自动延时，如果有检修工作进行中或检修工作完成，此延时时间可以作为人员离场或安全确认时间。同样当将 SB2 旋转至启动位时，PLC 仍然要有 1min 动作延时，以确保在手/自动转换过程中人员的安全和避免因为频繁投切变频器所引发的变频器损坏。即自动运行正常启动时，要等待 2min 后，才会有接触器动作。

　　③ 在自动运行状态下系统自动检测管网压力，并且能根据供水流量来自动投切工频供水水泵。

　　当系统用水流量≤100m³/h 时，系统只投入变频供水泵，并根据管网供水压力大小来改变变频器的输出频率，以便使得管网供水压力保持在 0.15 ～ 0.22MPa 范围内。

　　当系统用水流量＞100m³/h 时，系统检测到流量信号后延时 5min 后，自动投入工频供水泵，并根据管网供水压力自动调节变频器的输出频率，以便使得管网供水压力保持在 0.15 ～ 0.22MPa 范围内。

　　当工频供水泵投入后，如果系统检测到管网用水流量≤100m³/h 后延时 5min，自动切除工频供水泵，此时系统供水恢复到由变频供水泵供水。

注意

　　系统判断工频供水泵是否投入的判定标准为管网供水压力是否恒定在 0.15 ～ 0.22MPa 范围内，但是工频供水泵投入和切除都加有 5min 时间延时，以防止因为管网供水压力的短暂波动所引起的工频供水泵频繁投切，并消除由此产生的对供水控制系统的冲击。

　　④ 在自动运行状态下，系统根据给水池水位来自动控制 1# 和 2# 冷却水循环系统的工作和补水电动阀的开关。

　　当给水池水位在 -1.0m 时，1# 冷却系统工作，即 1# 循环水泵投入，1# 冷却塔冷却风机投入。当水位回升至 -0.3m 时，1# 冷却系统切除。

　　当给水池水位在 -1.7m 时，2# 冷却系统工作，即 2# 循环水泵投入，2# 冷却塔冷却风机投入。当水位回升至 -1.0m 时，2# 冷却系统切除。

　　当给水池水位在 -1.7m 时，给水池补水电磁阀打开。当水位回升至 -1.0m 时，给水池补水电磁阀关闭。

　　当给水池水位在 -2.4m 以下时，系统给水池低水位报警，并且自动切除变频供水泵和工频供水泵，以保护水泵和电机，当水位恢复到 -1.7m 时系统恢复自动运行。

　　⑤ 手动运行方式：检查确认给水池和回水池水位，确保水位符合运行要求，即水位应该远高于极限低水位。将控制面板上手/自动选择开关 SB1 旋转至手动位，系统进入手动运行状态。在此状态下 SB2、SB3、SB4、SB5 四个旋转开关如果旋转至启动位，则相应的电机投入运行，即分别对应变频供水泵、工频供水泵、1# 冷却水泵和冷却风机、2# 冷却水泵和冷却风机。

将控制面板上 SB2 变频供水启动旋转开关旋转至启动位，恒压供水系统投入手动运行。如果此时不投入其他电机，即 SB3、SB4、SB5 旋转在停止位，则只有变频供水泵投入工作。此时如果系统管网用水量＞100m³/h 时，系统只报警，不会自动投入工频供水泵。

同理如果只将控制面板上 SB3 工频供水启动旋转开关旋转至启动位，则只有工频供水泵投入运行。如果同时将 SB2、SB3 旋转至启动位，则变频供水泵和工频供水泵都投入运行。此时如果系统管网用水量＞100m³/h，则两台泵中工频供水泵以工频状态工作，而变频供水泵根据管网供水水压变化以变频状态工作。此时如果系统管网用水量 ≤ 100m³/h，则两台泵中工频供水泵以工频状态工作，而变频供水泵在通过以最低频率延时后，变频器停止变频输出，即 1# 变频电机不转，同时发出声光报警。

当将 SB1 旋转至启动位时，PLC 有 1min 自动延时，如果有检修工作进行中或检修工作完成，此延时时间可以作为人员离场或安全确认时间。在上述 SB2、SB3 旋转至启动位且系统管网用水量 ≤ 100m³/h 状态下，工频供水泵停止输出时有 5min 延时，以防止因为管网供水压力的短暂波动所引起的变频器在输出和停止间频繁切换。

在手动状态下，分别旋转 SB4、SB5 旋钮开关至启动位，则 1# 和 2# 冷却风机及循环水泵分别投入运行。

特别要说明的是：在手动状态下，旋转手/自动选择开关 SB1 至手动位前，应该将 SB2、SB3、SB4 和 SB5 先旋转至停止位。在完成 SB1 手/自动转换至手动位后，再分别旋转 SB2、SB3、SB4 和 SB5 旋钮开关至启动位，应特别注意每启动一台设备应该等待该设备投入运行稳定后，再依次启动其他设备。严格禁止在手/自动转换前，即 SB1 处于自动位时将 SB2、SB3、SB4、SB5 都旋转至启动位，然后再将 SB1 手/自动选择开关旋转至手动位。这样会造成共计六台电机同一时间一起投入，导致电网功率因数突然降低，电网电压大幅降低，会严重影响电网供电质量，使得电机启动困难。这样也会使得大量无功电流和无功负载投入到进线电源中，严重时会因为产生的浪涌冲击损坏变频器，同时使得同一电网中的用电设备严重受到冲击和影响。管路中供水流量急剧变化，也会使得管网因压力突然变化而产生剧烈抖动。

⑥ 设备停止运行时的操作方法：在自动状态时将旋转开关 SB2 旋转至停止位即可。此时如果工频供水泵、1# 和 2# 冷却系统处于投入状态，则立即切除；变频供水泵则通过半分钟时间延时后切除。

在手动状态下，要停止工频供水泵、1# 和 2# 冷却系统的电机和水泵，只需将相应的旋转开关 SB2、SB3、SB4 和 SB5 旋转至停止位即可。变频供水泵旋转开关旋转至停止位后，通过半分钟时间延时后切除。在确认所有电机都切除后，分断总空气开关。

在手动状态下停止相应电机时应该分次逐步操作，以避免造成管网系统因压力突变而产生的剧烈抖动。在设备停止运行操作时系统启动旋转开关（即变频供水泵启动旋转开关）SB2 必须旋转至停止位，以确保变频供水泵有效切除。

特别要说明的是：在给水池和回水池达到极限低水位后，如果在手动位下手动启动工频给水泵，1#循环水泵和2#循环水泵会因为水池中缺水而失去保护，有烧坏的可能。故在手动运行状态下，系统只作为设备检修时使用，不得在设备故障时以手动运行替代。在特殊情况下如果要用手动状态运行系统，应该注意要确保水池水位符合运行要求，并且及时与相应设备公司联系维修。

（3）报警组成

恒压供水设备的报警系统中，划分为固定报警和循环报警两类报警方式。其中变频器故障报警、电机故障报警、给水池低水位报警和回水池低水位报警是固定报警，即一旦工频或变频所投入的电机发生故障，则在切除相应电机的同时，系统发出声光连续报警。此时如果需要检查，则可以按下自锁消音按钮SB6；如果故障依然存在，黄色警告灯仍然闪亮，直至故障消除。如果在故障未消除的时候，再次按下SB6解除SB6自锁，则警报声再次连续响起，直至故障消除。

> 变频器故障报警、电机故障报警、给水池低水位报警和回水池低水位报警在手动和自动状态下都有效。

报警系统中，给水池水位 -1.0m、-1.7m 报警信号（即 1# 冷却系统和 2# 冷却系统启动报警信号），给水池补水报警信号和管网供水流量报警信号（即管网流量 $Q \geq 100\text{m}^3/\text{h}$ 时的报警信号）是循环报警。报警方式分别如下：

① 给水池水位 -1.0m 报警信号（即 1# 冷却系统投入工作时），声光报警 5s 后停止报警，然后每 30min 循环报警 5s。报警优先级为初级。

② 给水池水位 -1.7m 报警信号（即 2# 冷却系统投入工作并且补水电动阀 YV 同时打开补水），声光报警 10s 后停止报警，然后每 25min 循环报警 10s。报警优先级为中级。

③ 给水池水位 -2.4m 报警信号（即给水池低水位保护信号），此时补水电动阀强制补水并发出声光报警信号，同时在自动运行状态下切除变频供水泵和工频供水泵，系统发出声光报警 15s 后停止，然后每 10min 循环报警 15s。报警优先级为高级。

④ 在手动运行状态下，如果只投入变频供水泵，而管网供水流量 $Q \geq 100\text{m}^3/\text{h}$ 时，系统发出声光报警 1s 后停止报警，然后每 5min 循环报警 1s。报警优先级为高级。

同样，如果在手动运行状态下同时投入变频供水泵和工频供水泵，如果管网供水流量 $\leq 100\text{m}^3/\text{h}$ 时，系统自动切除变频供水泵，同时声光报警 1s 后停止报警，然后每 5min 循环报警 1s。报警优先级为高级。

> 报警信息中循环报警起提示作用，固定报警则是设备运行中的故障报警。一旦系统发出固定报警就意味着系统中有硬件设备损坏的可能，包括变频器、电机和给水池补水电动阀，并且在自动运行态下整个循环水系统全部切除，以确保恒压供水系统的完整性。而手动状态下，一旦固定报警发生，应该注意首先检查给水池和回水池水位是否符合运行要求，切忌在极限低水位下手动运行给水泵和循环水泵，以免烧坏水泵。

故障报警信息如表 3-7 所示。

表 3-7　故障报警信息

状态	故障原因	报警内容
自动	给水池水位 −1.7m	循环报警 5s/30min
	给水池水位 −1.0m	循环报警 10s/25min
手动	流量 ≥100m³/h	循环报警 1min/5min
	流量 <100m³/h	循环报警 1min/5min

（4）硬件图纸

实现本案例恒压供水系统的硬件图，这里只列出重要的三部分，即变频器部分（图 3-24）、XSCH 系列数显仪（图 3-25）和 S7-1200 PLC 部分（图 3-26）。

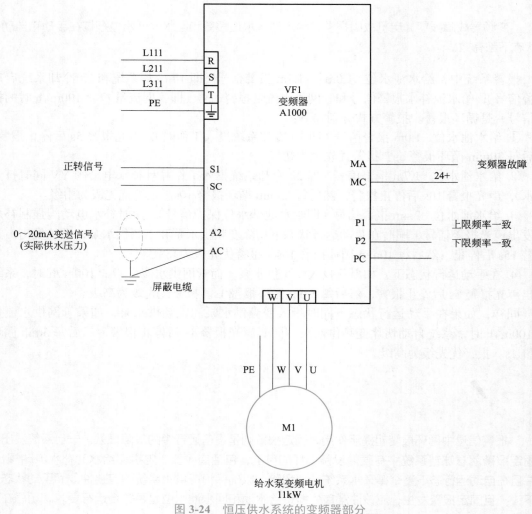

图 3-24　恒压供水系统的变频器部分

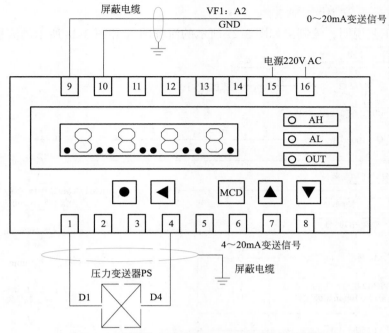

屏蔽电缆　　　　VF1：A2
　　　　　　　　　GND　　　　0～20mA变送信号

电源220V AC

| 9 | 10 | 11 | 12 | 13 | 14 | 15 | 16 |

○ AH
○ AL
○ OUT

● ◀　　MCD　▲ ▼

| 1 | 2 | 3 | 4 | 5 | 6 | 7 | 8 |

4～20mA变送信号

屏蔽电缆

压力变送器PS

D1　　　D4

图 3-25　恒压供水系统的 XSCH 系列数显仪部分

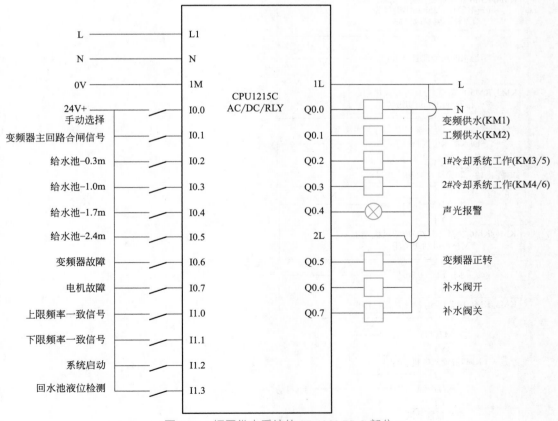

图 3-26　恒压供水系统的 S7-1200 PLC 部分

第 3 章　变频器在水泵和风机控制中的工程案例　111

（5）恒压供水系统的控制流程

根据上述工艺说明，绘制出如图 3-27 所示的流程图 A 和图 3-28 所示的流程图 B。

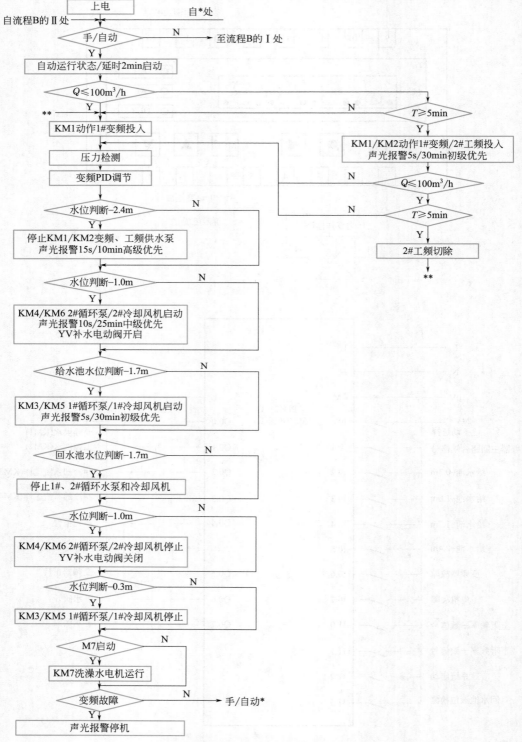

图 3-27　恒压供水流程 A

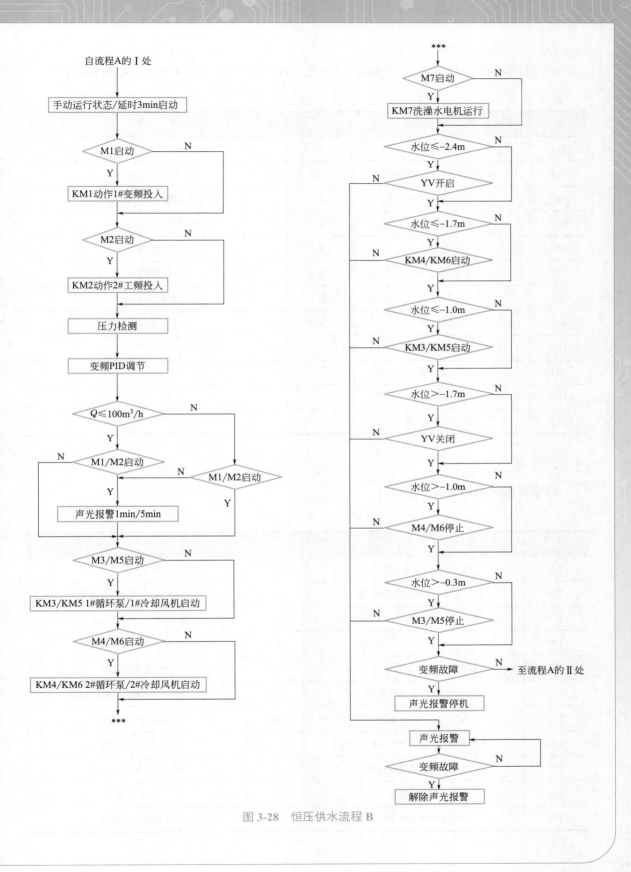

图 3-28　恒压供水流程 B

(6) I/O 资源定义

恒压供水系统的 I/O 资源定义如表 3-8 所示，PLC 为 S7-1200 的 CPU1215C AD/DC/RLY。

表 3-8　I/O 资源定义

地址	注释	地址	注释
I0.0	手动选择	Q0.0	变频供水（KM1）
I0.1	变频器主回路合闸信号	Q0.1	工频供水（KM2）
I0.2	给水池 -0.3m	Q0.2	1# 冷却系统工作（KM3/5）
I0.3	给水池 -1.0m	Q0.3	2# 冷却系统工作（KM4/6）
I0.4	给水池 -1.7m	Q0.4	声光报警
I0.5	给水池 -2.4m	Q0.5	变频器正转
I0.6	变频器故障	Q0.6	补水阀开
I0.7	电机故障	Q0.7	补水阀关
I1.0	上限频率一致信号		
I1.1	下限频率一致信号		
I1.2	系统启动		
I1.3	回水池液位检测		

(7) 主程序设计

程序变量说明如表 3-9 所示。

表 3-9　变量说明

地址	注释	地址	注释
T37	水位判断 -0.1m 报警 5s	M0.0	初始化复位
T38	水位判断 -0.1m 报警延时 30min	M0.1	水位判断 -1.0m 首次报警
T39	水位判断 -0.1m 首次报警 5s	M0.2	水位判断 -1.7m 首次报警
T40	水位判断 -1.7m 报警 10s	M0.3	水位判断 -2.4m 首次报警
T41	水位判断 -1.7m 报警延时 25min	M0.4	变频器故障报警
T42	水位判断 -1.7m 首次报警 10s	M0.5	自动流量＞ 100m³/h 首次报警
T43	水位判断 -2.4m 报警 15s	M0.6	手动流量首次报警
T44	水位判断 -2.4m 报警延时 10min	M1.0	1# 冷却风机启动报警
T45	水位判断 -2.4m 首次报警 15s	M1.1	2# 冷却风机启动报警
T46	流量报警 5s	M1.2	补水报警
T47	流量报警延时 30min	M1.3	变频器故障报警

地址	注释	地址	注释
T48	流量首次报警 5s	M1.4	流量报警
T49	手动流量报警 1min	M1.5	手动流量报警
T50	手动流量报警延时 5min	M1.6	电机故障报警
T51	手动流量首次报警 1min	M2.0	补水阀开
T52	变频启动延时 1min	M2.1	补水阀关
T53	变频运行停止延时		
T54	变频器正转延时		
T55	上限频率一致延时		
T56	下限频率一致延时		
T57	补水电动阀开延时		
T58	补水电动阀关延时		

（8）变频器参数设置

恒压供水系统 VF1 A1000 变频器参数如表 3-10 所示。

表 3-10　恒压供水系统 A1000 变频器参数表

参数	描述	实际设置值	备注
b1-02	运行指令选择	1	控制回路端子
b5-01	PID 控制的选择	1	输出频率 =PID 输出 1
b5-02	比例增益（P）	1.00	0.00～25.00（实际设定）
b5-03	积分时间（I）	1.0	0.0～360.0s（实际设定）
b5-18	PID 目标值选择	1	PID 目标值有效
b5-19	PID 目标值	30%	根据实际值设定
d2-01	频率指令上限值	100%	输出 50Hz
d2-02	频率指令上限值	30%	输出 15Hz
E1-04	最高输出频率	50	最高输出 50Hz
H1-01	端子 S1 的功能选择	40	正转
H2-02	端子 P1-PC 的功能选择	16	变频上限，即频率（FOUT）检出 4，输出频率等于或大于 "L4-03 ± L4-04 设定的检出幅度"
H2-03	端子 P2-PC 的功能选择	4	变频下限，即频率（FOUT）检出 1，输出频率等于或小于 "L4-01 + L4-02 设定的检出幅度"

参数	描述	实际设置值	备注
H3-09	端子 A2 信号电平选择	2	4 ~ 20mA
H3-10	端子 A2 功能选择	B	端子 A2 为 PID 反馈
L4-01	频率检出值	15	最低 15Hz
L4-02	频率检出幅度	1	幅度 1Hz
L4-03	频率检出值	50	最高 50Hz
L4-04	频率检出幅度	0	幅度 0Hz

（9）压力数显仪参数设置

本恒压供水系统中采用 XSCH 系列数显仪，其参数如表 3-11 所示。

表 3-11　XSCH 系列数显仪参数表

参数类型	功能代码	名称	设定	说明
测量及显示	CncH	输入信号选择	0 ~ 20	0 ~ 20mA
	Cn-d	测量值小数点位置选择	0.000	压力变送信号量程单位
	u-r	量程下限	0.000	0MPa
	F-r	量程上限	0.300	0.3MPa
	PE	开平方运算选择	OFF	停用
	cHo	小信号切除门限	0	停用
	oP	变送输出信号选择	0 ~ 20	0 ~ 20mA
	bs-L	变送输出下限设定	0.000	0MPa
	bs-H	变送输出上限设定	0.300	0.3MPa

3.3　风机变频控制工程案例

【案例 27】　大功率空冷风机的变频控制

视频讲解

（1）工程控制要求

图 3-29 所示的空冷式换热器（简称空冷器）是石油、化工、冶金及火电等行业不可缺

少的专用设备之一。空冷风机是空冷的重要组成部分，其性能直接影响空冷器的安全运行和冷却效果。

图 3-29　空冷式换热器

（2）硬件电路设计

图 3-30 ～图 3-32 为空冷风机的主回路、控制回路、变频器控制端子接线。电气设计原理如下：

① 空冷风机为 132kW 大功率低压电机，其配置为安川 A1000 变频器，为确保空冷机的正常运行，变频器需要配置进线电抗器 RE1 和出线电抗器 RE2。

② 空冷风机变频器为柜装，其柜内风机对于变频器的散热非常重要，装设有 0.45kW 电机（M2），其运行与变频器同步，即通过变频器多功能输出端子 M1、M2 的预设功能（运行中信号）来控制。

③ 空冷风机通过减速箱与负载相连，为确保正常带动负载，需要在电机运行时，同时将减速箱加热器和减速器润滑油泵开启。如果遇到环境温度高时，可以手动将减速箱加热器的断路器 QF4 断开。

④ 电机加热器是由上位机 DCS 来控制启停。

⑤ 在运行方式上，采用 SA1 转换开关，分为手动、检修和自动三种。手动时，可以通过按钮 ST1、STP1 来控制正转，通过按钮 ST2、STP1 来控制反转，正反转互锁。自动时，则在变频器未故障（由变频器 VF1 的 MA、MC 控制）的情况下，由 DCS 来控制开启。

⑥ 变频器接收 DCS 的频率设定信号（A2、AC 端子），同时将变频器的运行频率、电流信号反馈给 DCS（FM、AM、AC 端子）。

⑦ QF10 断路器的辅助端子与变频器的 S3 端子相连，如果断路器跳闸，则变频器进行紧急停车。

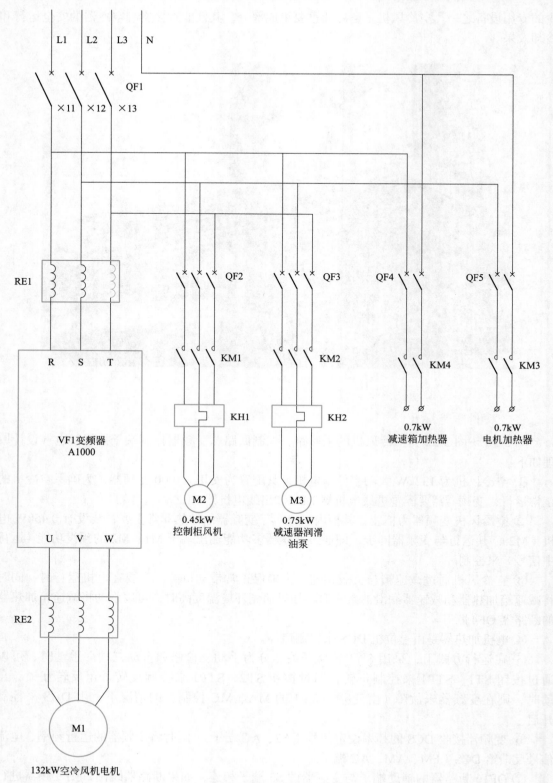

L1 L2 L3 N

QF1

×11 ×12 ×13

RE1

QF2 KM1 QF3 KM2 QF4 KM4 QF5 KM3

R S T

KH1 KH2 0.7kW 0.7kW
减速箱加热器 电机加热器

VF1变频器
A1000

M2 M3
0.45kW 0.75kW
控制柜风机 减速器润滑
油泵

U V W

RE2

M1

132kW空冷风机电机

图 3-30 空冷风机主回路

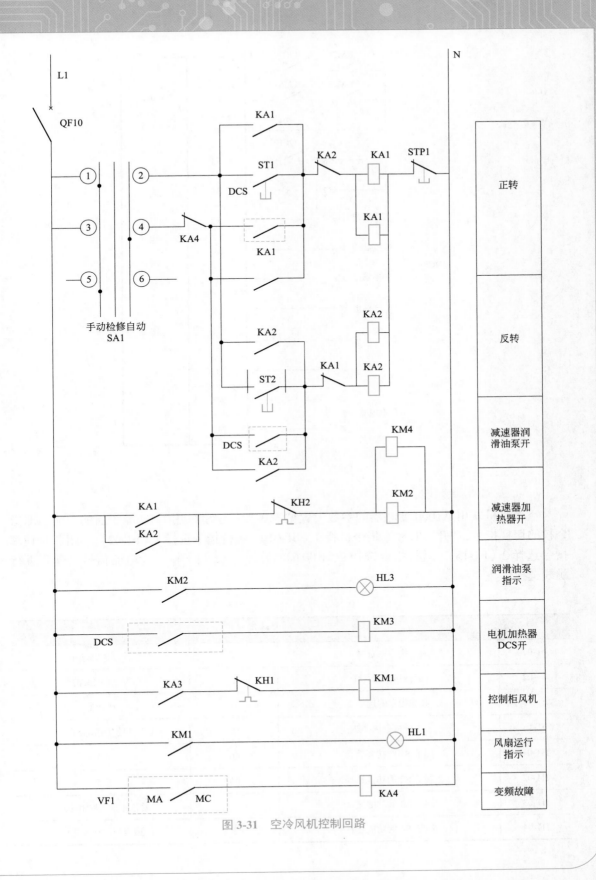

图 3-31 空冷风机控制回路

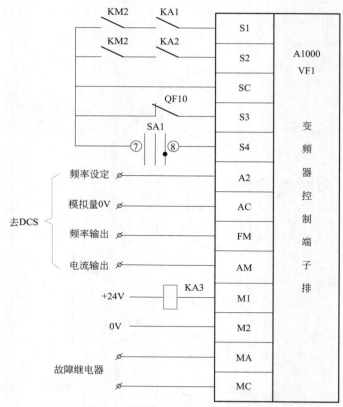

图 3-32　空冷风机变频器控制端子接线

（3）变频器参数设置

空冷风机安川 A1000 变频器的参数设置见表 3-12。这里采用了 S4 端子新的功能，即指令权的切换指令，"开"时频率指令选择 1（b1-01）、运行指令选择 1（b1-02）；"闭"时频率指令选择 2（b1-15），运行指令选择 2（b1-16）。另外，A2 端子输入为电流信号，需要进行跳线选择。

表 3-12　空冷风机 A1000 变频器的参数设置

参数	描述	实际设置值	备注
b1-01	频率指令的选择 1	1	控制回路端子
b1-02	运行指令选择 1	1	控制回路端子
b1-15	频率指令的选择 2	0	操作器
b1-16	运行指令选择 2	1	控制回路端子
H1-01	端子 S1 的功能选择	40	正转
H1-02	端子 S2 的功能选择	41	反转
H1-03	端子 S3 的功能选择	17	紧急停止（常闭接点）
H1-04	端子 S4 的功能选择	2	指令权的切换指令

续表

参数	描述	实际设置值	备注
H2-01	端子 M1-M2 的功能选择	0	运行中
H3-09	端子 A2 信号电平选择	2	4～20mA
H3-10	端子 A2 功能选择	0	主速频率指令（重复设定时叠算）
H3-14	模拟量输入端子有效/无效选择	2	仅端子 A2 有效

【案例 28】 中央空调变频风机控制系统

视频讲解

（1）工程控制要求

中央空调系统一般主要由制冷压缩机系统、冷媒（冷冻和冷热）循环水系统、冷却循环水系统、盘管风机系统、冷却塔风机系统等组成。制冷压缩机组通过压缩机将制冷剂压缩成液态后送蒸发器中，冷冻循环水系统通过冷冻水泵将常温水泵入蒸发器盘管中与冷媒进行间接热交换，这样原来的常温水就变成了低温冷冻水，冷冻水被送到各风机风口的冷却盘管中吸收盘管周围的空气热量，产生的低温空气由盘管风机吹送到各个房间，从而达到降温的目的。冷媒在蒸发器中被充分压缩并伴随热量吸收过程完成后，再被送到冷凝器中恢复常压状态，以便冷媒在冷凝器中释放热量，其释放的热量正是由冷却循环水系统的冷却水带走。冷却循环水系统将常温水通过冷却水泵泵入冷凝器热交换盘管后，再将这已变热的冷却水送到冷却塔上，由冷却塔对其进行自然冷却或通过冷却塔风机对其进行喷淋式强迫风冷，与大气之间进行充分热交换，使冷却水变回常温，以便再循环使用。在冬季需要制热时，中央空调系统仅需要通过冷热水泵（在夏季称为冷冻水泵）将常温水泵入蒸汽热交换器的盘管，通过与蒸汽的充分热交换后再将热水送到各楼层的风机盘管中，即可实现向用户提供供暖热风。图 3-33 为典型的中央空调工作示意和空调风机。

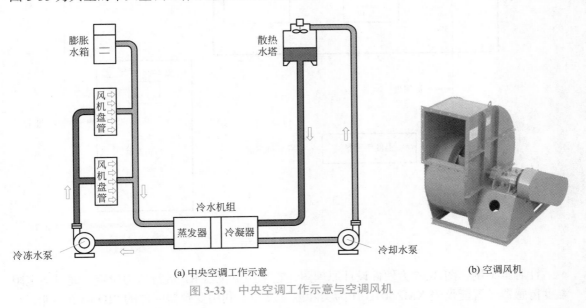

(a) 中央空调工作示意   (b) 空调风机

图 3-33　中央空调工作示意与空调风机

目前的中央空调系统中，变频风机正在被广泛使用，其有如下突出的优点：节能潜力大，控制灵活，可避免冷冻水、冷凝水上顶棚的麻烦等。然而变频风机系统需要精心设计、精心施工、精心调试和精心管理，否则有可能产生如新风不足、气流组织不好、房间负压或正压过大、噪声偏大、系统运行不稳定、节能效果不明显等一系列问题。

图 3-34 为某一建筑物内的新风系统，其控制要求如下：

① 空调风机为三相 380V 2.2kW；

② 采用温度控制，能方便设定温度，并实时反映温度变化；

③ 以冬季取暖为例，进行 PID 控制。

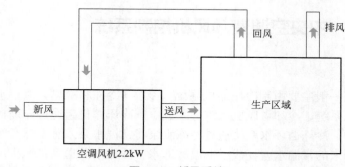

图 3-34　新风系统

（2）变频风机硬件设计

图 3-35 为该恒温变频控制系统的示意图，其中变频器选用安川 A1000 变频器，采用内置 PID 运行控制。

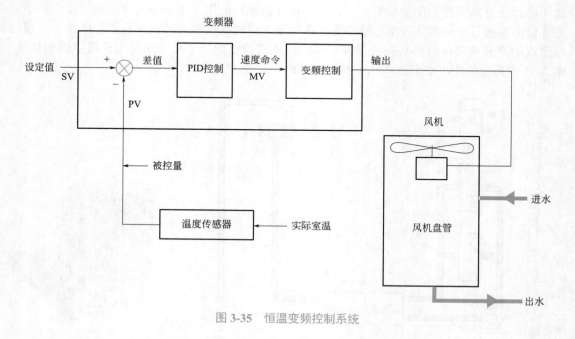

图 3-35　恒温变频控制系统

针对本案例，图 3-36 为硬件设计原理图，它采用电位器 RP 进行压力设定，通过热电阻温度传感器经智能仪表 XMZ601B 作为实际温度反馈。利用变频器内部的 PID 调节功能，目标信号 SV 是一个与温度的控制目标相对应的值，反馈信号 PV 是温度变送反馈回来的信号，该信号是一个反映实际温度的信号。在变频器的内置 PID 中，PV 和 SV 两者是相减的，其合成信号（SV-PV）经过 PID 调节处理后得到频率给定信号 MV，决定变频器的输出频率 f 以控制电机 M 的运行。

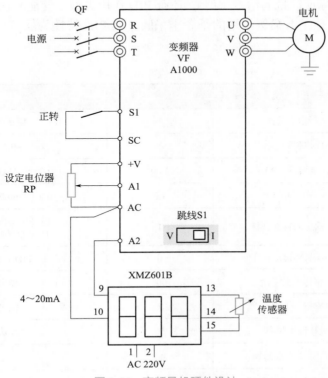

图 3-36　变频风机硬件设计

图 3-37 为电位器旋钮刻度盘，它与多圈电位器 RP 配套使用，尤其适合需要设定指示的场合使用。在本案例中，采用温度设定 0 ～ 40℃来说，非常适合，只要按照刻度盘的旋钮就能清楚地知道需要设定的温度值。

图 3-37　电位器旋钮刻度盘

智能仪表 XMZ601B 是实现温度反馈的重要环节，必须进行参数设置，以确保输出正确的电流信号，具体参考厂家说明书。

（3）变频器参数设置

表 3-13 为该中央空调风机恒温控制系统的变频器参数设置，主要包括模拟量通道的设定（如给定量和实际反馈量的信号类型），还有 PID 作用类型、使能与比例积分微分环节的系数。需要注意的是，本案例采用的是冬季采暖，其 PID 特性为反特性，需要设置 b5-09 参数。

表 3-13 变频风机变频器参数设置

参数	描述	实际设置值	备注
b1-02	运行指令选择	1	控制回路端子
b5-01	PID 控制的选择	1	输出频率 =PID 输出 1
b5-02	比例增益（P）	1.00	0.00 ～ 25.00（实际设定）
b5-03	积分时间（I）	1.0	0.0 ～ 360.0s（实际设定）
b5-09	PID 输出的特性选择	1	0：PID 的输出为正特性 1：PID 的输出为反特性
b5-18	PID 目标值选择	0	PID 目标值无效
d2-01	频率指令上限值	100%	输出 50Hz
d2-02	频率指令上限值	30%	输出 15Hz
E1-04	最高输出频率	50	最高输出 50Hz
H1-01	端子 S1 的功能选择	40	正转
H3-01	端子 A1 信号电平选择	0	0 ～ 10V
H3-02	端子 A1 功能选择	C	PID 目标值
H3-09	端子 A2 信号电平选择	2	4 ～ 20mA
H3-10	端子 A2 功能选择	B	端子 A2 为 PID 反馈值

【案例 29】　基于温控仪的风机变频控制

视频讲解

（1）工程控制要求

在 PID 控制中，除了变频器内置 PID 外，还可以利用 PID 控制器来实现，对于温度控制而言，PID 控制器即温控仪。图 3-38 为由温控仪构成的风机温度调节系统，温度的给定值由温控仪的面板设定，温度传感器将实际的温度信号送入温控仪的输入端，温控仪将输入的温度传感器信号经数字滤波、A/D 转换后变为数字信号，一方面作为实际压力值显示在面板上，另一方面与给定值作差值运算；偏差值经温控仪内的 PID 运算器后输出一个数字结果，其结果又经 D/A 转换后，在温控仪的输出端输出 4 ～ 20mA 的电流信号去调节变频器的频率，变频器再驱动风机，使温度上升（或下降）。

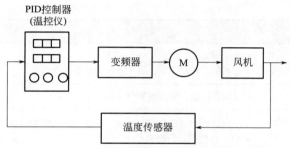

图 3-38　由温控仪构成的风机温度调节系统

（2）变频风机硬件设计

图 3-39 为该恒温变频控制系统的控制电路，其中变频器选用安川 A1000 变频器，并采用内置 PID 运行控制。

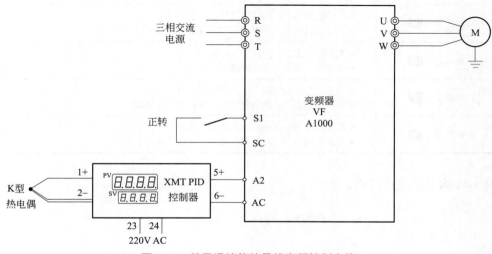

图 3-39　基于温控仪的风机变频控制电路

图 3-40 为本案例所用的国产 XMT PID 控制器外观，表 3-14 为该仪表的操作说明。

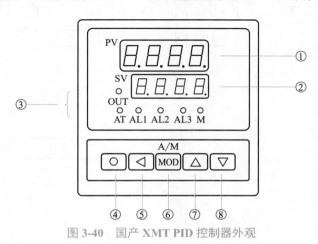

图 3-40　国产 XMT PID 控制器外观

表 3-14　XMT PID 控制器操作说明

名称		说明
显示窗	① 第一显示窗	• 显示测量值 • 在参数设置状态下，显示参数符号、参数数值
	② 第二显示窗	• 显示目标设定值或报警设定值
	③ 指示灯	• OUT：模拟量输出时始终亮，位式输出。断开时灭，接通时亮 • AT：自整定运行时亮 • AL1：第 1 报警点状态显示 • AL2：第 2 报警点状态显示 • AL3：第 3 报警点状态显示 • M：手动输出时亮，控制权转移到上位机后闪烁
操作键	④ 设置键 ●	• 控制状态下，按住 2s 以上不松开则进入设置状态 • 在设置状态下，显示参数符号时，按住 2s 以上不松开进入下一组参数或返回测量状态
	⑤ 左　键 ◀	• 在控制状态下，切换第二显示状态 • 在设置状态下，调出原有参数值，移动修改位
	⑥ 确认键 MOD	• 在控制状态下，进行手 / 自动切换 • 在设置状态下，存入修改好的参数值
	⑦ 增加键 ▲	• 在手动控制输出时，增加控制输出量 • 在设置状态下，增加参数数值或改变设置类型
	⑧ 减小键 ▼	• 在手动控制输出时，减小控制输出量 • 在设置状态下，减小参数数值或改变设置类型

图 3-41 为显示状态说明。

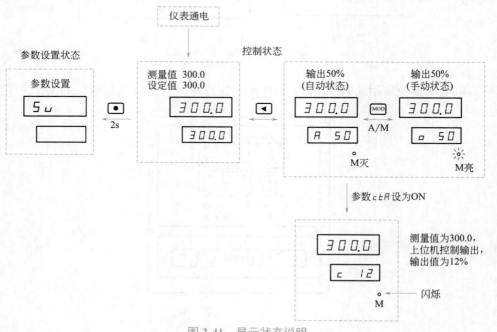

图 3-41　显示状态说明

该仪表的接线端子如图 3-42 所示。

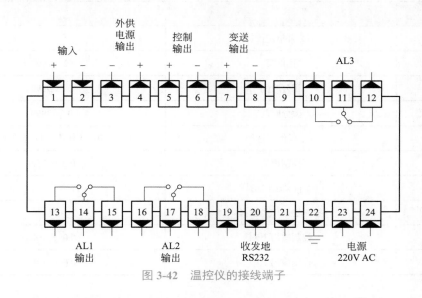

图 3-42　温控仪的接线端子

（3）变频器参数设置和温控仪参数设置

表 3-15 为 A1000 变频器的参数设置，只需要进行通常的模拟量控制即可。

表 3-15　A1000 变频器的参数设置

参数	描述	实际设置值	备注
b1-01	频率指令的选择	1	控制回路端子
b1-02	运行指令选择	1	控制回路端子
H1-01	端子 S1 的功能选择	40	正转
H3-09	端子 A2 信号电平选择	2	4 ～ 20mA
H3-10	端子 A2 功能选择	0	主速频率指令（重复设定时叠算）
H3-14	模拟量输入端子有效 / 无效选择	2	仅端子 A2 有效

本案例中，温控仪的参数设置与调整相比于变频器来说，更加重要。

表 3-16 ～表 3-18 列出了仪表的基本参数，共分 3 组参数，分别是设定值、PID 控制、输入与输出。

表 3-16　仪表的基本参数（第 1 组参数——设定值）

名称	内容	取值范围
SV	控制目标设定值	−1999 ～ 9999
AL1	第 1 报警点设定值	−1999 ～ 9999
AL2	第 2 报警点设定值	−1999 ～ 9999
AL3	第 3 报警点设定值	−1999 ～ 9999

表 3-17　仪表的基本参数（第 2 组参数——PID 控制）

名称	内容	取值范围
AT	自整定	
P	比例带	0.2 ～ 999.9
I	积分时间	0 ～ 9999s
D	微分时间	0 ～ 3999s
d-r	正 / 反作用选择	0：正作用；1：反作用
cP	控制周期	0.2 ～ 75.0s
SEn	手 / 自动输出选择	
coP	控制输出信号选择	
outL	控制输出下限	0.0 ～ 100.0
outH	控制输出上限	0.0 ～ 100.0

表 3-18　仪表的基本参数（第 3 组参数——输入与输出）

名称	内容	取值范围
incH	输入信号选择	根据输入信号不同参考相应的说明书，本案例选择 K 型热电偶
in-d	显示小数点位置选择	0 ～ 3
u-r	测量量程下限	−1999 ～ 9999
F-r	测量量程上限	−1999 ～ 9999
in-A	零点修正值	−1999 ～ 9999
Fi	满度修正值	0.500 ～ 1.500
FLtr	数字滤波时间常数	1 ～ 20s
PF	开平方运算选择	仅用于电流、电压输出的孔板流量信号
cHo	小信号切除门限	仅用于电流、电压输出的孔板流量信号
ALo1	第 1 报警点报警方式	
ALo2	第 2 报警点报警方式	
ALo3	第 3 报警点报警方式	
HYA1	第 1 报警点灵敏度	0 ～ 8000
HYA2	第 2 报警点灵敏度	0 ～ 8000
HYA3	第 3 报警点灵敏度	0 ～ 8000
cYt	报警延时	0 ～ 20s
HL	设定值显示内容选择	

名称	内容	取值范围
Li	冷端补偿修正值	0.000 ～ 2.000
boP	变送输出信号选择	电压信号 / 电流信号等
bA-L	变送输出下限	−1999 ～ 9999
bA-H	变送输出上限	−1999 ～ 9999

采用温控仪最大的好处在于能进行 PID 参数自整定，即参数"AT—— 自整定选择"，设置为 ON 时，启动自整定。

自整定启动后，输出将在 outL 和 outH 之间跳变。其出厂参数为 0% 和 100%，对于变频控制和恒压供水等不允许输出大幅度变化的过程，可修改参数，如分别改为 30% 和 70%，以限制输出的幅度。如仍不满足要求，可将 PID 参数手动设为推荐值 P= 60.0，I= 90，D=0，再手动调整。

自整定启动后，测量值经过 2 ～ 3 个振荡周期，仪表自动计算出 PID 参数，自整定结束，进入正常 PID 控制。整个过程的示意图如图 3-43 所示。

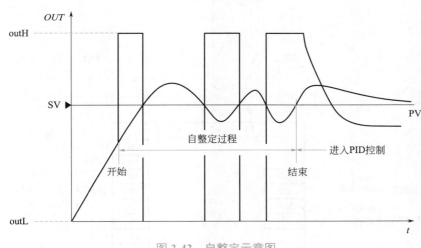

图 3-43　自整定示意图

设置为 OFF 时，自整定停止 / 关闭，面板上 AT 指示灯灭。

仪表出厂时，AT 为 OFF，自整定关闭。启动自整定时，只需将 AT 设置为 ON，此时面板上的 AT 指示灯亮。自整定结束后，AT 值会自动变为 OFF，面板上 AT 指示灯灭，进入正常 PID 控制过程。

自整定过程中，若要中止自整定，将 AT 改为 OFF 即可。

【案例 30】　变频风机的现场与 DCS 控制

（1）工程控制要求

视频讲解

风机广泛应用于暖通系统和工业控制中，一般都需要设计成现场与 DCS 控制两种，由转换开关进行切换，其中现场由启停按钮控制。

（2）硬件电路设计

图 3-44～图 3-47 为风机现场与 DCS 控制的主电路、控制电路、与 DCS 之间的信号和 SA 转换开关接点，其中变频器采用西门子 V20。

电气设计原理如下：

① QF（1）为断路器 QF 的报警接点，QF（2）为断路器 QF 的辅助接点。

② 当 QF（1）动作或者变频器故障信号（DO1+、DO1-）时，电气故障继电器 KA3 闭合。

③ 变频器的 DO2NO、DO2C 端子输出为运行信号。

④ 该控制系统有风机运行、停机和故障指示，并将故障和运行信号送至 DCS。

⑤ 变频器的速度信号来自 DCS，且将实际运行频率送至 DCS。

⑥ 手动和自动运行时，前者频率为固定频率，通过端子 DI2 来实现；后者频率为 DCS 信号并送至 AI2。

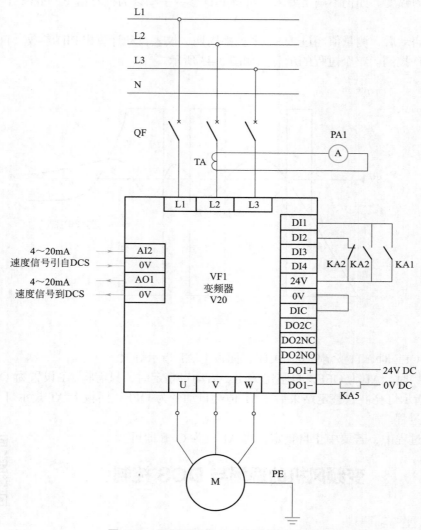

图 3-44 风机现场与 DCS 控制的主电路

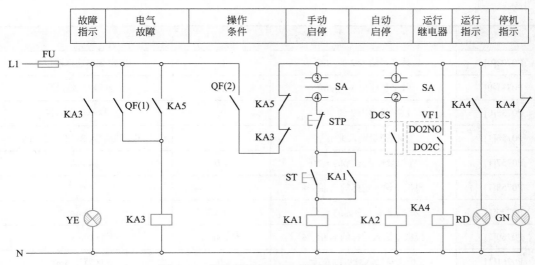

图 3-45　风机现场与 DCS 控制的控制电路

图 3-46　与 DCS 之间的信号

位置	标号	
	1-2	3-4
手动　−45°		×
急停　0°		
自动　45°	×	

图 3-47　SA 转换开关接点

（3）变频器参数设置

表 3-19 为风机现场与 DCS 控制的变频器参数。

表 3-19　风机现场与 DCS 控制的变频器参数

参数	说明	实际设置值	备注
P0305[0]	电机额定电流 /A	实际值	实际额定电流值
P0311[0]	电机额定转速 /（r/min）	实际值	实际额定转速
P0700[0]	选择命令源	2	端子控制
P0701[0]	数字量输入 1 的功能	1	ON/OFF 命令

参数	说明	实际设置值	备注
P0702[0]	数字量输入 2 的功能	15	固定频率选择器位 0
P0731[0]	数字量输出 1 的功能	52.3	变频器故障激活
P0732[0]	数字量输出 2 的功能	52.2	变频器正在运行
P0756[1]	模拟量输入类型	2	模拟量输入 2：4 ～ 20mA
P0757[1]	模拟量输入定标的 x_1 值	4.0	4 mA
P0758[1]	模拟量输入定标的 y_1 值 /%	0	0%
P0759[1]	模拟量输入定标的 x_2 值	20.0	20mA
P0760[1]	模拟量输入定标的 y_2 值 /%	100	100%
P0761[1]	模拟量输入死区的宽度	4.00	死区宽度 4mA
P1000[0]	选择频率	2	模拟量输入
P1001[0]	固定频率 1	25	固定频率 25Hz
P1070[1]	CI：主设定值	755.1	频率源为 AI2
P2000[0]	基准频率	50.00	50Hz

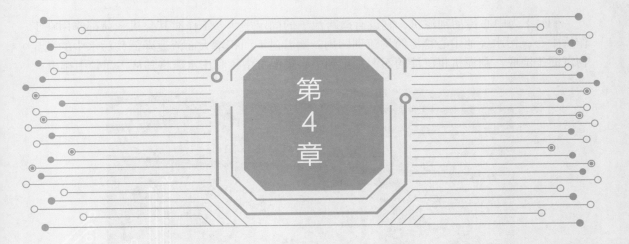

第 4 章

变频器在设备控制中的工程案例

由于变频调速具有调速范围广、调速精度高、动态响应好等优点，在许多需要精确速度控制的应用中，变频器正在发挥着提升设备工艺质量和生产效率的显著作用。应用变频器可以提高设备工艺要求、提升产品质量，同时减轻劳动强度、提高生产效率，可以说，变频器在机床、电梯、纺织、食品、饮料、包装、造纸、环保等行业的应用前景和发展潜力都不可小觑。目前新型矢量控制通用变频器中已经具备异步电动机参数自动辨识、自适应功能，大大提高了异步电动机转矩控制性能与机械系统匹配的适应性控制。本章主要介绍了变频器在设备控制中的 6 个工程案例。

4.1　变频矢量控制工程案例

【案例 31】　刮泥机的变频应用

（1）工程控制分析

视频讲解

刮泥机是一种排泥设备，由桁车、刮泥耙、撇渣板、驱动装置和自控柜等组成。刮泥机一般用于污水处理厂辐流式初次或二次沉淀池，其主要功能是将沉降在池底的污泥刮集至集泥坑，再由排泥管排出，以便污泥回流或浓缩脱水。

图 4-1 为中心传动刮泥机，它设有横跨池子的固定平台，工作时其整机载荷都作用在工作桥中心；污水经池中心稳流筒均流到四周。随着过流面积增大而流速降低，污水中的沉淀物沉淀于池底，刮泥机将沉淀的污泥刮集到中心集泥坑中，利用水压将其从污泥管中排出。

图 4-1　中心传动刮泥机

刮泥机传动是恒转矩负载的典型例子。恒转矩负载的基本特点为，在负荷一定的情况下，负载阻转矩取决于皮带与滚筒间的摩擦阻力和滚筒的半径。这类负载转矩与转速的快慢无关，所以在调节转速过程中，负载的阻转矩保持不变。

恒转矩负载在选择变频调速系统时，除了按常规要求外，还应对变频器的控制方式进行如下选择：

① 负荷的调速范围。在调速范围不大的情况下，选择较为简易的 V/f 控制方式的变频器；当调速范围很大时，应考虑采用有反馈的矢量控制方式。

② 负荷的变化情况。恒转矩负载只是在负荷一定的情况下负载阻转矩是不变的，但对于负荷变化时其转矩仍然随负荷变化。当转矩变动范围不大时，可选择较为简易的 V/f 控制方式的变频器；但对于转矩变动范围较大的负载，应考虑采用无反馈的矢量控制方式。

③ 机械特性。如果负载对机械特性的要求不高，可考虑选择较为简易的 V/f 控制方式的变频器；而在要求较高的场合，则必须采用有反馈的矢量控制方式。

（2）变频器电路设计与说明

图 4-2 和图 4-3 为刮泥机变频应用的主电路与控制电路。其设计原理如下：

① 刮泥机 M1 既可以工作在变频情况下，也可以工作在工频状态下，因此需要设计 KM3 和 KM2 的机械互锁接触器。

② 油泵电机必须与刮泥机同时启动，因此将油泵电机 M2 的接触器作为变频器的启动信号。

③ 电流继电器 HA 的设定值大于热继电器 FR 的定值，FR 的设定值取决于电机过载系数；时间继电器为消除电流继电器接点抖动而设。

④ 正常情况下刮泥机变频器运行在 40Hz，此时为多段速运行 2 速，即 S2 闭合；当 FA 报警时，需要启动变频器自动加速，以提高刮泥效率，将 S3 延时闭合，即为多段速运行 4 速（50Hz）。

⑤ MA、MC 为变频器设定过载的报警继电器输出接点。

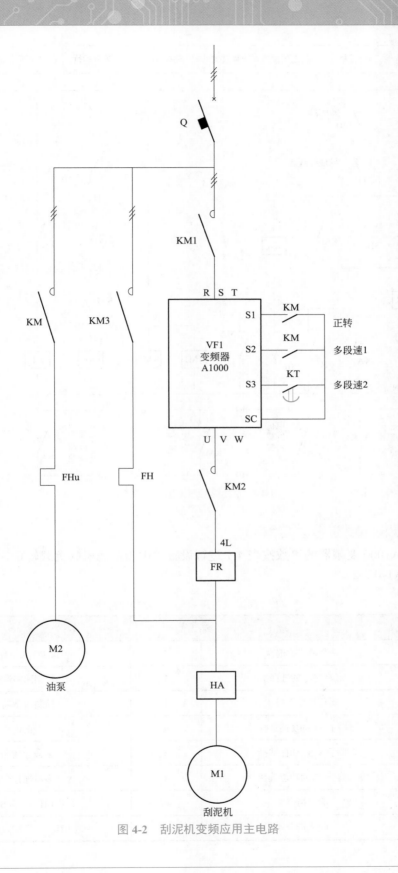

图 4-2　刮泥机变频应用主电路

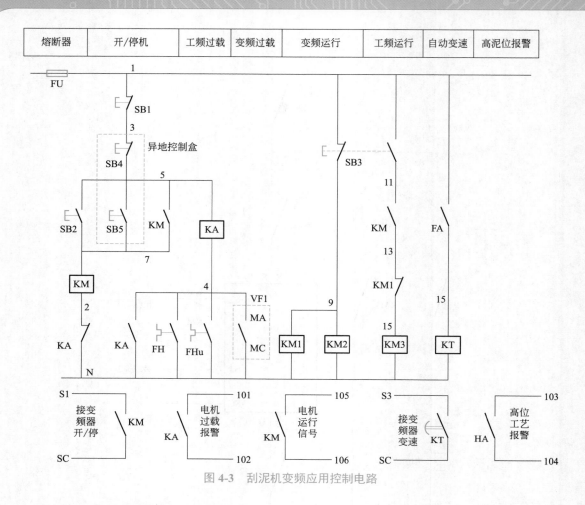

| 熔断器 | 开/停机 | 工频过载 | 变频过载 | 变频运行 | 工频运行 | 自动变速 | 高泥位报警 |

图 4-3　刮泥机变频应用控制电路

（3）变频器参数设置与工程调试

刮泥机 A1000 变频器的参数按表 4-1 进行设置。由于刮泥机的负载较重，采用无 PG 矢量控制（即 A1-02=2）。

表 4-1　刮泥机 A1000 变频器的参数设置

参数	描述	实际设置值	备注
A1-02	控制模式的选择	2	无 PG 矢量控制
b1-01	频率指令的选择 1	1	控制回路端子
b1-02	运行指令选择 1	1	控制回路端子
H1-01	端子 S1 的功能选择	40	正转
H1-02	端子 S2 的功能选择	3	多段速指令 1
H1-03	端子 S3 的功能选择	4	多段速指令 2
d1-02	频率指令 2	40	2 速（Hz），即 S2 闭合
d1-04	频率指令 4	50	4 速（Hz），即 S2、S3 均闭合

图 4-4 为 A1000 变频器进行矢量控制的调试流程。

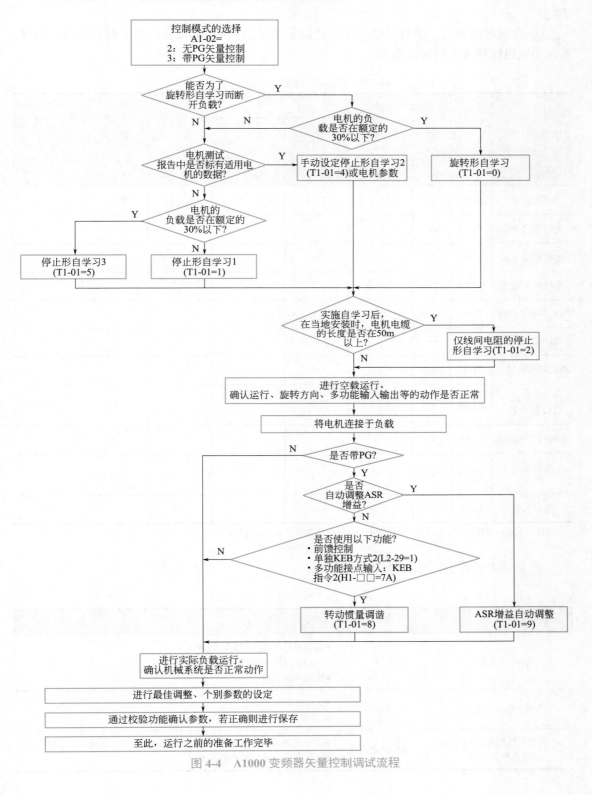

图 4-4　A1000 变频器矢量控制调试流程

在 A1000 变频器矢量控制调试流程中，最核心的是自学习过程，可以参照以下步骤进行：

① 自学习前设置。执行自学习前，请设定表 4-2 中所示的项目。关于设定所需的信息，请参照电机铭牌或电机测试报告。

表 4-2　感应电机用自学习的输入数据

输入数据	参数	单位	自学习模式（T1-01 的设定值）					
			0 （旋转形自学习）	1 （停止形自学习 1）	2 （仅对线间电阻的停止形自学习）	3 （V/f 节能控制用自学习）	4 （停止形自学习 2）	5 （停止形自学习 3）
控制模式	A1-02	—	2、3	2、3	0、1、2、3	0、1	2、3	2、3
电机输出功率	T1-02	kW	○	○	○	○	○	○
电机额定电压	T1-03	V	○	○	○	○	○	○
电机额定电流	T1-04	A	○	○	○	○	○	○
电机的基本频率	T1-05	Hz	○	○	○	○	○	○
电机的极数	T1-06	—	○	○	○	○	○	○
电机的基本转速	T1-07	r/min	○	○	○	○	○	○
自学习时的 PG 脉冲数	T1-08	—	<1>	<1>	—	—	<1>	<1>
电机的空载电流	T1-09	A	—	○	—	—	○	○
电机额定 滑差	T1-10	Hz	—	—	—	—	○	○
电机铁损	T1-11	W	—	—	—	—		

注：○表示需要设定，—表示无需设定，<1> 表示选择带 PG 矢量控制时设定。

② 自学习的种类（表 4-3）。

表 4-3　感应电机用自学习的种类

种类	参数设定	使用条件和优点
旋转形自学习	T1-01=0	●自学习时电机可以旋转的场合 ⇒可进行最高精度的电机控制 ●恒功率运行时
停止形自学习 1	T1-01=1	●无电机测试报告时 ⇒自动计算并设定矢量控制所需的电机参数
仅对线间电阻的 停止形自学习	T1-01=2	●进行自学习后，在现场安装时电机电缆长度变为 50m 以上时 ●电机容量和变频器容量不同时

続表

种类	参数设定	使用条件和优点
V/f 节能控制用自学习	T1-01=3	●V/f 控制模式下使用速度推定形的速度搜索或节能控制时 ●自学习时电机可旋转的场合 ⇒提高转矩补偿、滑差补偿、节能控制、速度搜索等功能的精度
停止形自学习 2	T1-01=4	●有电机测试报告时 ⇒根据电机测试报告设定空载电流和额定滑差的值，自动计算并设定矢量控制所需的其他电机参数
停止形自学习 3	T1-01=5	●无电机测试报告时 ●自学习后可用轻载驱动电机时 ⇒自学习后进行试运行，自动计算并设定矢量控制所需的电机参数

③ 自学习操作示例：

a. 自学习模式选择的操作，如表 4-4 所示。

表 4-4　自学习模式选择的操作

操作步骤	LED 显示
1. 接通电源，显示初始画面	F 0.00
2. 按 ∧ 或 ∨，直至显示自学习画面	ArUn
3. 按 ENTER，显示参数设定画面	T1-01
4. 按 ENTER，则显示 T1-01 的当前设定值	00
5. 按 ENTER，进行确定	End
6. 自动回到参数设定画面（步骤 3）	T1-01

b. 输入电机铭牌数据的操作。选择了自学习模式后，请按照电机铭牌值输入电机信息（表 4-5），即从表 4-4 中的第 6 步继续。

表 4-5　输入电机铭牌数据的操作

操作步骤	LED 显示
1. 按 ∧，显示 T1-02（电机输出功率）	T1-02
2. 按 ENTER，则显示接通电源时 E2-11（电机额定容量）的设定值	000.75
3. 按 RESET，移动闪烁位	000.75

操作步骤	LED 显示
4. 请按 **∧**，按照电机铭牌值变更设定值（例：0.75kW → 0.4kW）	`000.40`
5. 按 **ENTER**，进行确定	`End`
6. 自动回到参数设定画面（步骤 1）	`T1-02`

7. 反复操作步骤 1 ~ 5，输入以下参数的设定值
T1-03（电机额定电压）
T1-04（电机额定电流）
T1-05(电机的基本频率)
T1-06（电机的极数）
T1-07（电机的基本转速）
T1-09（电机的空载电流：仅限停止形自学习 1、2）
T1-10（电机额定滑差：仅限停止形自学习 2）
	`T1-03`
	↓
	`T1-10`

c. 开始自学习。自学习时，可能会因电机突然启动而导致人身事故。进行自学习之前，请确认电机和负载机械周围的安全状况。进行停止形自学习时，电机虽然不运行，但仍处于通电状态，触摸电机可能会导致触电。在自学习结束前，请勿触摸电机。

另外，在制动器制动的状态下，不能正常进行旋转形自学习。如果错误操作，可能会导致变频器误动作。进行自学习之前，请确认电机能顺畅无阻地旋转。而对于连接了负载的电机，请勿进行旋转形自学习，否则会导致变频器动作不良。对连接了负载的电机进行旋转形自学习时，可能会出现不能正确计算电机参数、电机动作异常的情况，因此务必将电机与负载的结合部分（比如联轴器、减速箱、同步带等）断开。

输入电机铭牌值后，按"∧"键，显示自学习画面，开始自学习（操作步骤见表 4-6），也就是从表 4-5 输入电机铭牌数据操作的步骤 7 开始继续操作。

表 4-6　开始自学习的操作

操作步骤	LED 显示
1. 输入电机铭牌值后，按 **∧**	`rUn10`
2. 按 **RUN**，开始自学习，DRV 点亮。在不旋转状态下，大约通电 1min 后，电机开始旋转	`rUn10`
3. 约 1 ~ 2min 后自学习结束	`End`

【案例 32】　球磨机的变频应用

视频讲解

（1）工程控制分析

球磨机在水泥、陶瓷、冶金企业里被大量使用，是物料粉碎中不可缺少的重要生产设备。球磨机一般功率都较大，工作效率又很低，占据了企业总用电量的80%以上，成为企业最大的耗电设备之一，因此降低球磨机的能耗是企业降低成本、提高产品竞争力的有效途径。球磨机一般采用简单的工频控制，易造成物料的过度研磨，所需研磨周期较长，研磨效率较低，单位产品功耗较大，启动电流大，对设备和电网的冲击很大，机械设备的生产维护量也大。

如图4-5所示，球磨机主要由传动装置、筒体装置、进料装置、卸料装置及电气控制装置等组成，分给料部、出料部、回转部、传动部（减速机、小传动齿轮、电机、电控）等主要部分，其主体是一个水平装在两个大型轴承上的低速回转的筒体。球磨机由电动机通过减速机及周边大齿轮减速传动，驱动回转部回转。筒体内部装有适当的磨矿介质——钢球。磨矿介质在离心力和摩擦力的作用下，被提升到一定的高度，呈抛落或泻落状态落下。被磨制的物料由给料口连续地进入筒体内部，被运动的磨矿介质粉碎，并通过溢流和连续给料的力量将产品排出机外，以进行下一段工序处理。

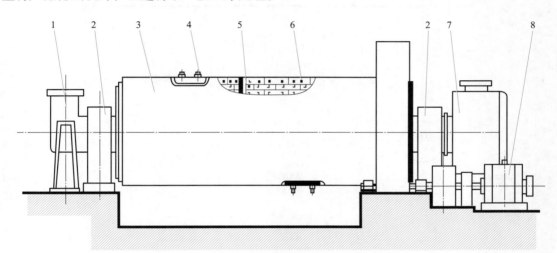

图 4-5　球磨机的外观结构

1—进料装置；2—主轴承；3—筒体；4—磨门；5—隔仓板；6—衬板；7—卸料装置；8—传动装置

（2）变频器选型与应用说明

图4-6～图4-9为球磨机变频器的主电路、电流测量电路、频率设定电路与控制电路。表4-7为开关SA（LW5-15D0723/3）接点示意。

球磨机的电路设计如下：

① 球磨机的控制分为本体和现场两种，分别有相同功能的启停按钮、指示、速度电位器。

② 球磨机采用安川A1000变频器进行无传感器矢量控制以获得更多的转矩控制能力，启动为KA1、故障复位为KA2；频率给定为A1电压输入，分为本体和现场两种电位器设定值，通过转换开关SA进行切换。

③ 球磨机的电流是观察负载运行的重要依据，因此设置了电流互感器TA1；同时频率也是很重要的一个参数，因此设置了频率计HZ。

④ 变频器一旦发生故障后，MA、MC闭合，带动HA1、HA2、HR3、HR4故障电铃和故障灯指示，可以分别通过现场或本体的SB6和SB3进行复位。

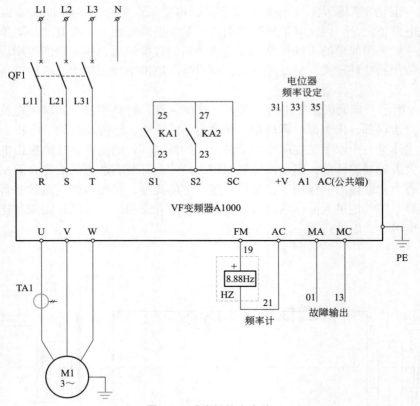

图 4-6 球磨机的主电路

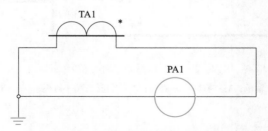

图 4-7 球磨机的电流测量电路

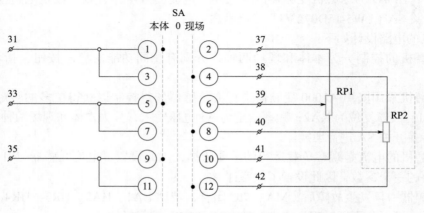

图 4-8 球磨机的频率设定电路

表 4-7 开关 SA（LW5-15D0723/3）接点示意

开关 SA	本体	退出	现场
	−45°	0°	45°
1-2	×		
3-4			×
5-6	×		
7-8			×
9-10	×		
11-12			×

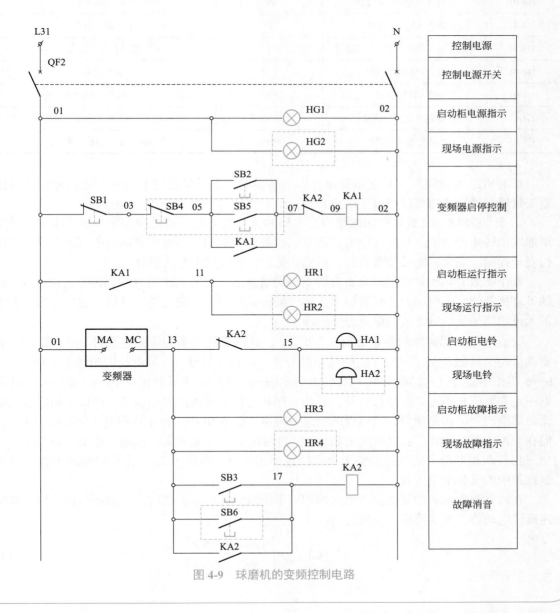

图 4-9 球磨机的变频控制电路

（3）变频器参数设置和工程调试

表 4-8 是球磨机变频器 A1000 的参数设置。

表 4-8　球磨机变频器 A1000 的参数设置

参数	描述	实际设置值	备注
A1-02	控制模式的选择	2	无 PG 矢量控制
b1-01	频率指令选择	1	控制回路端子
b1-02	运行指令选择	1	控制回路端子
H1-01	端子 S1 的功能选择	40	正转
H1-02	端子 S2 的功能选择	14	故障复位
H3-01	端子 A1 信号电平选择	0	0 ~ 10V
H3-02	端子 A1 功能选择	0	主速频率指令
H3-14	模拟量输入端子有效 / 无效选择	1	仅 A1 端子有效
H4-01	端子 FM 监视选择	102	输出频率
C4-01	转矩补偿（转矩提升）增益	1.00	0.00 ~ 2.50，仅与 q 轴电流成分有关
C4-03	启动转矩量（正转用）	150.0%	0.0% ~ 200.0%，无传感器矢量控制专用
C4-05	启动转矩时间参数	10ms	0 ~ 200ms，无传感器矢量控制专用

球磨机最大的问题就是在需要增加启动转矩时，除了要使用【案例 31】所述的无传感器矢量控制外，还需要注意以下两点：

① 转矩补偿。转矩补偿功能是指当电机的负载增大时，通过增大变频器的输出电压来增加输出转矩的功能。从输出电流检出电机负载的增加量，通过增加输出电压对电机转矩进行安全控制。变更转矩补偿参数前，请确认是否正确设定了电机参数。

其中参数 C4-01 是以倍率来设定转矩补偿增益的。安川 A1000 变频器除了可以在 V/f 控制下直接补偿定子电压外，还可以对无传感器矢量控制方式进行转矩补偿。这里先简单介绍下无传感器矢量控制方式的电流分解原理。

交流电机三相对称的静止绕组 a、b、c，通以三相平衡的正弦电流时，所产生的合成磁动势是旋转磁动势 F，它在空间呈正弦分布，以同步转速 ω（即电流的角频率）顺着 a—b—c 的相序旋转，这样就形成了图 4-10 所示的 3s 坐标（s 表示静止）。然而，旋转磁动势并不一定非要三相不可，除单相以外，二相、四相等任意对称的多相绕组，通以平衡的多相电流，都能产生旋转磁动势，当然以两相最为简单。图 4-10 中绘出了两相静止绕组 α 和 β，它们在空间上相差 90°，通以时间上相差 90°的两相平衡交流电流，也能产生旋转磁动势 F，当三相与两相的两个旋转磁动势大小和转速都相等时，即认为 2s 坐标系中的两相绕组与 3s 坐标系中的三相绕组等效。

在两相静坐标系的基础上，引入两相同步旋转坐标系 d-q（即 2r，r 表示旋转）以正确描述旋转电动势，其变换矩阵公式为

$$[C]_{2s/2r} = \begin{bmatrix} \cos\gamma & \sin\gamma \\ -\sin\gamma & \cos\gamma \end{bmatrix} \tag{4-1}$$

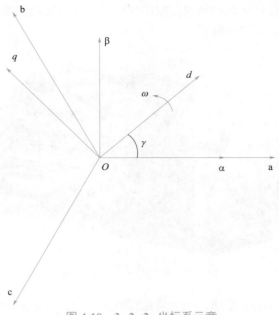

图 4-10　3s-2s-2r 坐标系示意

在转子磁场定向的同步旋转坐标系 2r 下，定子电流可分解为两个独立的分量：d 轴分量控制转子磁通；在控制转子磁通恒定的前提下，电机转矩与定子电流的 q 轴分量成正比，从而实现了转子磁通和转矩的解耦控制。这样，在转子磁场定向的坐标系下，矢量控制就是把定子电流中的励磁电流分量与转矩电流分量分解成两个垂直的直流变量，分别进行控制。通过坐标变换重建的电动机模型就可等效为一台直流电动机，从而可像直流电动机那样进行转矩和磁通控制。

在无传感器矢量控制时，电机电流通过计算被分为 d 轴电流成分和 q 轴电流成分，各成分分别受到控制。转矩补偿功能仅与 q 轴电流成分有关，补偿量为从 q 轴电流成分计算出的 q 轴电压补偿量 ×（C4-01）。

② 启动转矩量。C4-03 是正转用的启动转矩量，仅在无 PG 矢量控制时有效。通过 C4-03，电机的额定转矩为 100%，以 % 为单位设定正转时的启动转矩。使用该功能，转矩指令将更快地得到执行，从而提高启动时的速度响应性。通过 C4-05 中设定的启动时间参数来实现转矩补偿功能。该功能仅在以正转方向启动电机时有效。设定为 0.0% 时，该功能无效。用于升降机等动态负载时进行该设定。

【案例 33】　单面瓦楞机的变频控制

（1）工程控制分析

视频讲解

图 4-11 为吸风式单瓦楞机，其工作原理为：瓦楞原纸经导纸辊调节张力，上预热辊控制湿度，滑过上瓦楞辊楞顶进入加热的上下瓦楞辊之间的瓦楞状通道，在两辊中心连线上的啮合点处受压熨烫成型后，紧贴在下瓦楞辊楞型上，运行至涂胶辊与下瓦楞辊的中心连线处，由被匀胶辊刮去多余胶水后在表面形成一层均匀胶膜的涂胶辊对瓦楞纸楞顶处均匀地涂上胶水。施胶后的瓦楞纸随着下瓦楞辊继续运转，其间的胶水受热逐渐糊化，在下瓦楞辊与

压力辊中心连线处，与经过两根预热辊控制湿度后到达压力辊的面纸进行热压复合干燥，由此生产出各种楞型的二层瓦楞纸板。

图 4-11　吸风式单瓦楞机外观

　　某吸风式单瓦楞机有两个传动，一个是瓦楞机主传动，一个是牵引机。要求两个电机由安川 A1000 控制，牵引机跟随主传动控制，要求速度控制精度为 0.1%，且主机速度可以从零速起，根据工艺情况，自由升速或降速（图 4-12）。

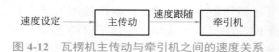

图 4-12　瓦楞机主传动与牵引机之间的速度关系

（2）变频器电路设计与说明

　　高精度的速度控制往往能够体现速度的精度和稳定性，其典型应用如造纸机的传动，精度控制为 $\pm(0.01\% \sim 0.05\%)$，其他如胶卷和钢铁生产线也要求有 $\pm(0.02\% \sim 0.1\%)$。

　　通常作为表示精度的数值，以额定频率或额定转速为基准，将误差用百分比表示出来。对于一般的变频器，要求精度大多为 $\pm0.5\%$。这一数值，对于开环控制的机型为频率精度，对于闭环控制的机型为速度精度。对于同步电机，只要频率高就可以实现高精度的速度控制；而对于异步电动机，由于存在转差，要获得高精度的速度，必须采用闭环控制。图 4-13 为可以实现高精度控制的带 PG 矢量控制系统原理图。

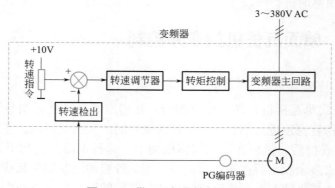

图 4-13　带 PG 矢量控制原理图

为了保证系统的高精度速度，应充分考虑变频器的几种误差：速度给定误差、速度反馈误差、速度控制器误差以及定常偏差。这些误差可以通过调节 ASR（速度调节器）的参数来实现。

图 4-14 和图 4-15 为瓦楞机主传动和牵引机的电路，具体说明如下：

① VF1 和 VF2 变频器均为 PG 矢量控制（PG 脉冲数为 1024），以提高速度的控制精度。

② 编码器使用时需要在 CN5 上插入 PG 卡，即 PG-B3。PG-B3 卡与安装在电机上的 PG 的接线方式共有两种，如图 4-16 所示，即补码型和开路集电极型。图 4-17 为实际安装图。在调试中需要注意的是，当编码器的反馈反向时，应改线而不要修改变频器参数，以免影响编码器正向的脉冲递增。电机反向时编码器脉冲递减。

③ VF1 变频器的频率给定方式是通过按钮脉冲加减速，即利用 S2 端子的 UP 指令和 S3 端子的 DOWN 指令；运行指令为开关 SA1 闭合，即外部端子控制。

④ VF2 变频器的频率给定 A1 信号来源于 VF1 的 FM 输出，调节好两者之间的增益关系，就可以满足瓦楞机的生产要求；运行指令来源于 VF1 的运行命令输出，即 M1、M2 信号。

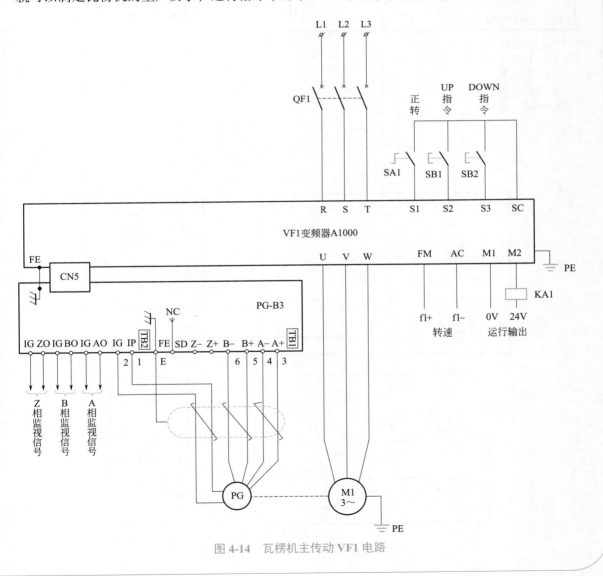

图 4-14　瓦楞机主传动 VF1 电路

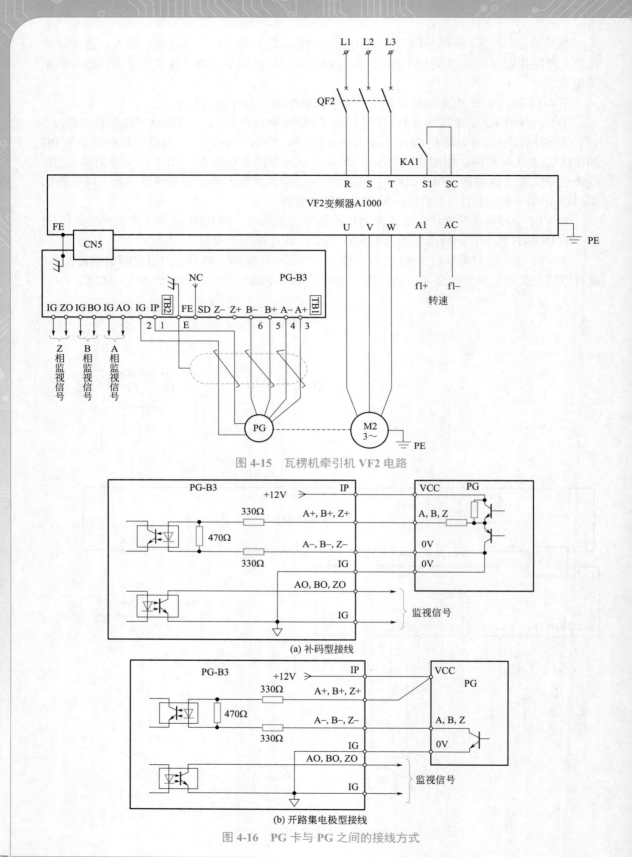

图 4-15　瓦楞机牵引机 VF2 电路

(a) 补码型接线

(b) 开路集电极型接线

图 4-16　PG 卡与 PG 之间的接线方式

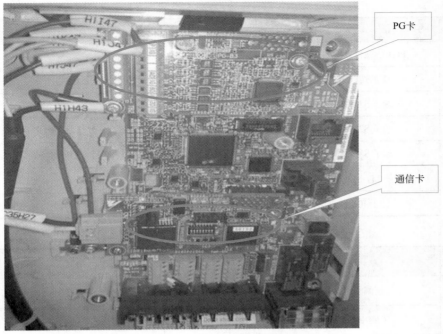

图 4-17　PG 卡的安装位置

（3）变频器参数设置

表 4-9 和表 4-10 为 VF1、VF2 变频器的参数设置。

表 4-9　VF1 变频器参数设置

参数	描述	实际设置值	备注
A1-02	控制模式的选择	3	带 PG 矢量控制
b1-02	运行指令选择	1	控制回路端子
F1-01	PG1 的参数	1024	分辨率
C5-01	速度控制（ASR）的比例增益 1（P）	50.00	最小值：0.00；最大值：300.00 按实际设定
C5-02	速度控制（ASR）的积分时间 1（I）	1.000	最小值：0.000s；最大值：10.000s 按实际设定
d2-01	频率指令上限值	50	上限 50Hz
d2-02	频率指令下限值	5	下限 5Hz
d4-01	频率指令的保持功能选择	0	0：无效；1：有效 根据实际情况设置
d4-10	UP/DOWN 下限选择	1	将 d2-02 设为下限
F1-02	PGo（PG 断线）检出时的动作选择	0	减速停止（按 C1-02 的减速时间停止）
F1-05	PG1 的旋转方向设定	按实际设置	0：电机正转时 A 相超前 1：电机正转时 B 相超前

参数	描述	实际设置值	备注
F1-20	PG1 的硬件断线检出选择	1	有效
F1-21	PG1 的选购卡功能选择	1	两相脉冲（A、B 相）
H1-01	端子 S1 的功能选择	40	正转
H1-02	端子 S2 的功能选择	10	UP 指令，闭合时频率指令加速
H1-03	端子 S3 的功能选择	11	DOWN 指令，闭合时频率指令减速
H2-01	端子 M1-M2 的功能选择	0	运行中
H4-01	端子 FM 监视选择	102	输出频率

表 4-10　VF2 变频器参数设置

参数	描述	实际设置值	备注
A1-02	控制模式的选择	3	带 PG 矢量控制
b1-01	频率指令选择	1	控制回路端子
b1-02	运行指令选择	1	控制回路端子
C5-01	速度控制（ASR）的比例增益 1（P）	50.00	最小值：0.00；最大值：300.00 按实际设定
C5-02	速度控制（ASR）的积分时间 1（I）	1.000	最小值：0.000s；最大值：10.000s 按实际设定
F1-01	PG1 的参数	1024	分辨率
F1-02	PGo（PG 断线）检出时的动作选择	0	减速停止（按 C1-02 的减速时间停止）
F1-05	PG1 的旋转方向设定	按实际设置	0：电机正转时 A 相超前 1：电机正转时 B 相超前
F1-20	PG1 的硬件断线检出选择	1	有效
F1-21	PG1 的选购卡功能选择	1	两相脉冲（A、B 相）
H1-01	端子 S1 的功能选择	40	正转
H3-01	端子 A1 信号电平选择	0	0 ～ 10V
H3-02	端子 A1 功能选择	0	主速频率指令
H3-03	端子 A1 输入增益	实际值	调节 VF1 和 VF2 的速度比例
H3-04	端子 A1 输入偏置	实际值	调节偏置量
H3-14	模拟量输入端子有效 / 无效选择	1	仅 A1 端子有效

下面对瓦楞机传动的参数设置进行说明：

① UP/DOWN 指令。VF1 变频器的频率信号来源于 UP/DOWN 指令，使用 UP 指令和 DOWN 指令，可通过 2 个按钮开关来增加或减少变频器频率指令。为了能成对使用 H1-□□ =10（UP 指令）和 H1- □□ =11（DOWN 指令），请务必对 2 个端子进行分配。输入 UP 指令时频率指令增加，输入 DOWN 指令时频率指令减少。仅对 UP 指令或 DOWN 指令中的任一指令进行分配时，将发生 oPE03（多功能输入选择不当）故障。

UP 指令和 DOWN 指令优先来自操作器的频率指令、模拟量输入端子的频率指令以及脉冲序列输入的频率指令（b1-01=0、1、4）中的任一指令。因此，当使用 UP 指令或 DOWN 指令时，其他频率指令均无效。

根据 UP 指令和 DOWN 指令状态的动作如表 4-11 所示。其频率指令上限值通过 d2-01 进行设定，而频率指令的下限值可通过模拟量输入或 d2-02 来设定。设定值因 d4-10 的设定而异。如果执行运行指令，则频率指令的下限值分两种情况：仅通过 d2-02 来设定频率指令的下限值时，在输入运行指令的同时，变频器将加速至频率指令的下限值；仅通过模拟量输入来设定频率指令的下限值时，如果变频器的运行指令和 UP 指令（或 DOWN 指令）均有效，则变频器将加速至该频率指令的下限值。仅运行指令为有效时，电机不会开始旋转。

表 4-11　UP/DOWN 指令所对应的频率变化情况

指令状态		动作
UP 指令（10）	DOWN 指令（11）	
开	开	保持当前的频率指令
闭	开	增加频率指令
开	闭	减少频率指令
闭	闭	保持当前的频率指令

通过模拟量输入和 d2-02 这两种方式来设定频率指令的下限值，且当模拟量输入的下限值高于 d2-02 的设定值时，如果输入运行指令，则变频器将加速至 d2-02 的设定值。当变频器一直加速至 d2-02 的设定值时，如 UP 指令（或者 DOWN 指令）有效，则变频器将持续加速至模拟量输入的下限值。

UP/DOWN 指令的时序图如图 4-18 所示。本案例中，利用 d2-02 来设定频率指令的下限值，频率指令的保持功能变为无效（d4-01=0）。

② PG 矢量控制。PG 矢量控制中，最重要的就是速度调节器（ASR），其简化框图如图 4-19 所示，图 4-19 中 K_P 为比例增益，K_I 为积分时间。积分时间设为 0 时，则无积分作用，速度环为单纯的比例调节器。

速度调节器（ASR）的整定参数包括比例增益 K_P 和积分时间 K_I，其数值大小将直接影响矢量控制的效果，其目标就是要取得动态性能良好的阶跃响应 ［图 4-20（a）］。具体调节的影响情况如下：增加比例增益 K_P，可加快系统的动态响应，但 K_P 值过大，系统容易振荡；减小积分时间 K_I 值，可加快系统的动态响应，但 K_I 值过小，系统超调就会增大，且容易产生振荡；通常先调整比例增益 K_P 值，保证系统不振荡的前提下尽量增大 K_P 值，然后调节积分时间 K_I 值使系统既有快速的响应特性又超调不大。图 4-20（b）是比例增益 K_P 值与速度调节器（ASR）的阶跃响应关系，图 4-20（c）是积分时间 K_I 值与速度调节器（ASR）的阶跃响应关系。

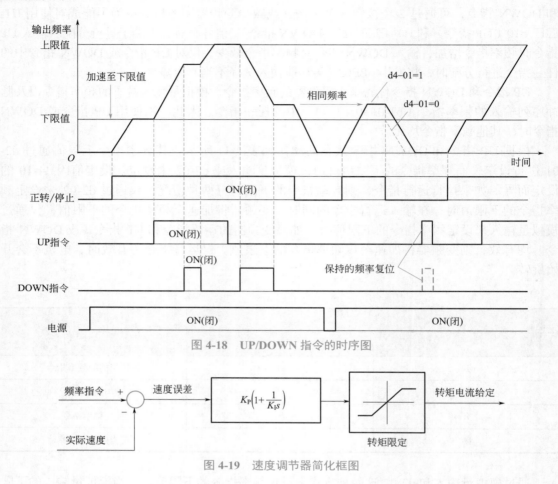

图 4-18　UP/DOWN 指令的时序图

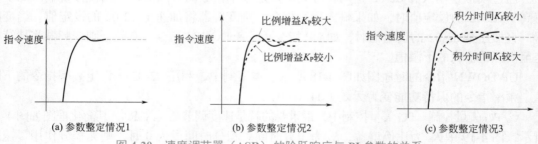

图 4-19　速度调节器简化框图

(a) 参数整定情况1　　　(b) 参数整定情况2　　　(c) 参数整定情况3

图 4-20　速度调节器（ASR）的阶跃响应与 PI 参数的关系

　　一般的矢量变频器为了适应电动机低速和高速带载运行都有快速响应的情况，都设有两套 PI 参数值（即低速 PI 值和高速 PI 值），同时设有切换频率或切换开关。为了保证两套 PI 值的正常过渡，一些变频器还另外设置了两个切换频率，即切换频率 1 和切换频率 2，见图 4-21。其控制原理是：低于切换频率 1 的频率动态响应 PI 值取 A 点的数值，高于切换频率 2 的频率动态响应 PI 值取 B 点的数值，位于切换频率 1 和切换频率 2 的频率动态响应 PI 值取两套 PI 参数的加权平均值。

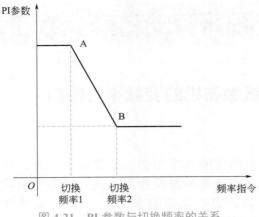

图 4-21　PI 参数与切换频率的关系

如果 PI 参数设置不当，系统在快速启动到高速后，可能产生减速过电压故障（如果没有外接制动电阻或制动单元），这是由在速度超调后的下降过程中系统再生制动状态能量回馈所致，因此合适的 PI 值对于系统的稳定性至关重要。

图 4-22 为安川 A1000 的 ASR 框图。在实际负载状态下（连接了机械系统的状态下）调整 C5-01、C5-02，其调整步骤如图 4-23 所示。

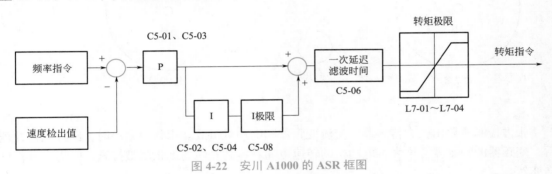

图 4-22　安川 A1000 的 ASR 框图

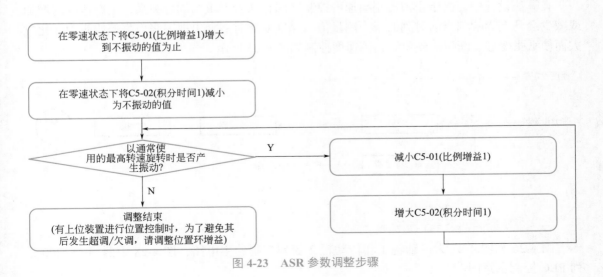

图 4-23　ASR 参数调整步骤

视频讲解

【案例 34】 造纸涂布机的变频张力控制

(1) 工程控制分析

随着加工纸生产技术的发展和涂布加工纸设备的更新，在涂布生产过程中对运行在各生产设备间的纸张张力进行检测及控制是提高产品质量和产量的一项重要技术措施。所以，在对涂布机的机电性能控制中（图 4-24），关键是对涂布机系统的张力进行控制，因为张力的大小直接影响到质量和数量：张力太大，会破坏涂布纸张的物理特性，影响纸张的使用寿命和质量；张力太小，收卷过松，走纸不平稳，会影响后续工序的质量。

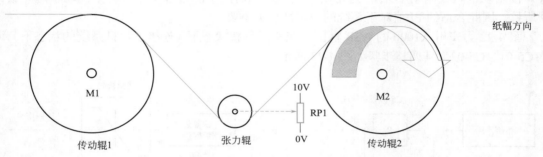

图 4-24　造纸涂布机的传动示意

张力控制主要由张力传感器、交流变频器和电动机组成。当张力太小时，经控制器处理后，变频器的频率就会增大，电动机的转速也随着提高。因而纸张就被拉紧，张力上升；反之亦然。

在算法设计中，由于张力控制与速度控制之间存在着严重的耦合关系，生产速度的增加或减少会马上影响到当前时刻的张力测量值。速度变化时，会出现因张力失控或张力变化过大而使纸张变形、断裂等现象。具体速度控制如图 4-25 所示。

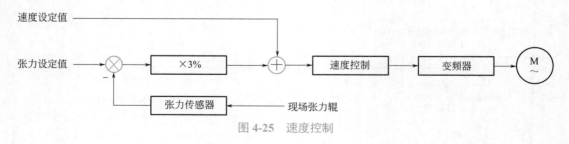

图 4-25　速度控制

(2) 变频器电路设计与说明

图 4-26 和图 4-27 为传动辊 1 和传动辊 2 变频控制的主电路，图 4-28 为西门子 1200 系列 PLC 控制示意图。

电气设计具体说明如下：

① 在涂布机控制系统中，采用 S7-1200 PLC，选用 CPU1214C 和 SM1234 AI 4/AQ 2 扩展模块。

② VF1 和 VF2 均为无 PG 矢量控制，其中 VF1 的频率信号 f1、VF2 的频率信号 f2 均来源于 PLC，同时根据浮动张力辊电位器的位置进行 PID 辅助调节，最终位置稳定在中间位置，即 5V。

③ 变频器的转速输出 PA1、PA2 接入到 PLC 中。

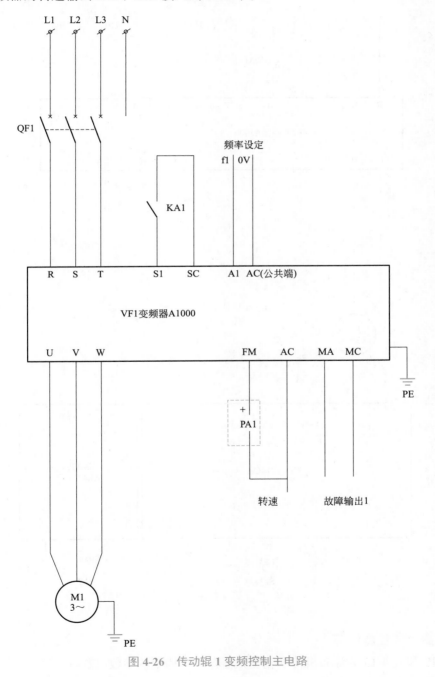

图 4-26　传动辊 1 变频控制主电路

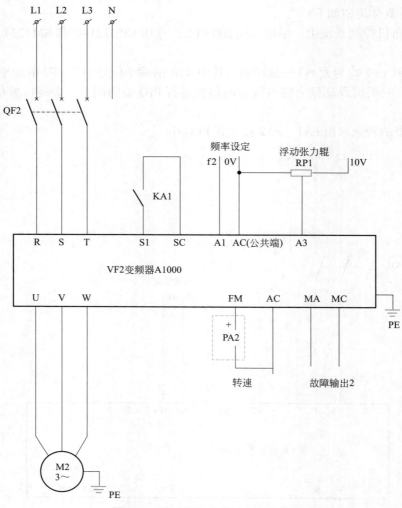

图 4-27　传动辊 2 变频控制主电路

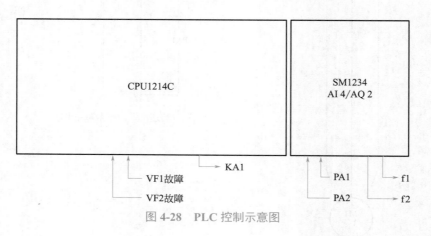

图 4-28　PLC 控制示意图

（3）变频器参数设置

表 4-12 和表 4-13 为涂布机传动辊变频器 VF1、VF2 的参数设置。

表 4-12　VF1 变频器参数设置

参数	描述	实际设置值	备注
A1-02	控制模式的选择	2	无 PG 矢量控制
b1-01	频率指令选择	1	控制回路端子
b1-02	运行指令选择	1	控制回路端子
H1-01	端子 S1 的功能选择	40	正转
H3-01	端子 A1 信号电平选择	0	0 ～ 10V
H3-02	端子 A1 功能选择	0	主速频率指令
H3-14	模拟量输入端子有效 / 无效选择	1	仅 A1 端子有效
H4-01	端子 FM 监视选择	102	输出频率

表 4-13　VF2 变频器参数设置

参数	描述	实际设置值	备注
A1-02	控制模式的选择	2	无 PG 矢量控制
b1-01	频率指令选择	1	控制回路端子
b1-02	运行指令选择	1	控制回路端子
b5-01	PID 控制的选择	4	PID 控制有效（频率指令 +PID 输出）
b5-02	比例增益（P）	1	按实际调节
b5-03	积分时间（I）	1.0	按实际调节
b5-05	微分时间（D）	0.1	按实际调节
b5-18	PID 目标值选择	1	有效
b5-19	PID 目标值	50	50%（电位器 RP 在中间位置）
H1-01	端子 S1 的功能选择	40	正转
H3-01	端子 A1 信号电平选择	0	0 ～ 10V
H3-02	端子 A1 功能选择	0	主速频率指令
H3-05	端子 A3 信号电平选择	0	0 ～ 10V
H3-06	端子 A3 功能选择	B	PID 反馈
H4-01	端子 FM 监视选择	102	输出频率

（4）PLC 硬件组态说明

在 CPU1214C DC/DC/DC 的基础上，从硬件目录中选择 SM1234 模块（图 4-29），添加后的结果如图 4-30 所示。

图 4-29　选择 SM1234 模块

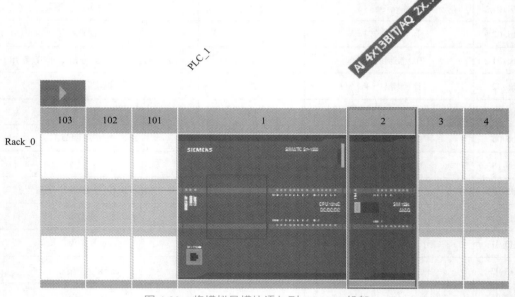

图 4-30　将模拟量模块添加到 S7-1200 机架

　　如图 4-31 所示，用户可以在硬件组态设置中定义 SM1234 模块的 I/O 地址，地址的范围为 0～1023。

　　由于现场电磁环境的影响，模拟量模块会出现数据失真或漂移，这时可以采取积分时间属性，如图 4-32 所示，选择使用 10Hz/50Hz/ 60Hz/ 400Hz 滤波，以抵抗现场的干扰。

　　对于模拟量输入信号是电压还是电流，则可以通过图 4-33 所示的测量类型进行设置。如选择电压类型，还可以选择相应的电压范围（图 4-34）。

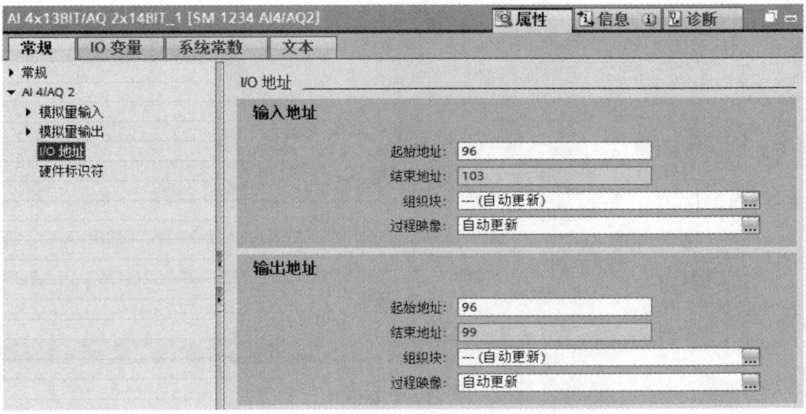

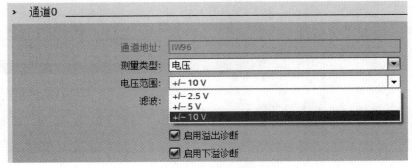

图 4-31 定义 SM1234 模块的 I/O 地址

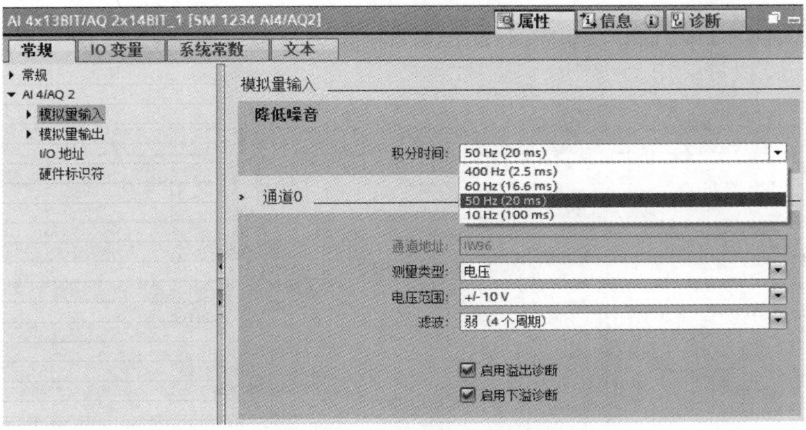

图 4-32 模拟输入的积分时间属性

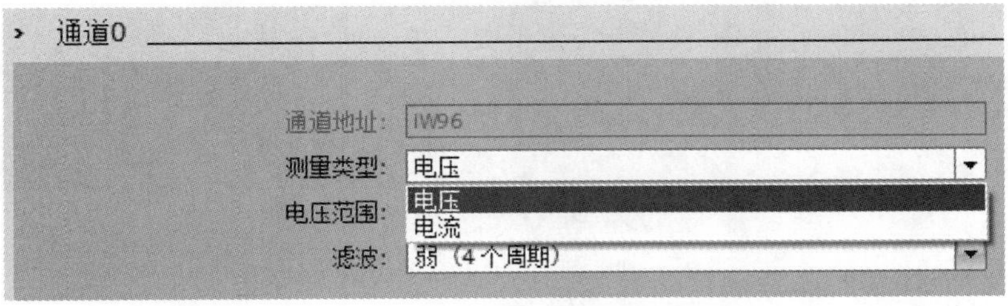

图 4-33 通道 0 的测量类型设置

图 4-34 电压范围

同时可以根据输入动态响应的高低，选择输入平滑的弱与强（图4-35）。

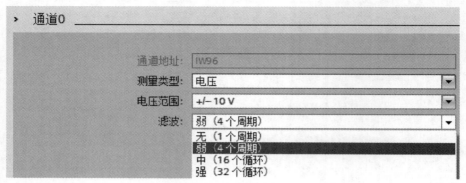

图 4-35　滤波属性

对于模拟输出而言，图 4-36 中显示了模拟输出的一些属性，如对 CPU STOP 模式的响应。图 4-37 为模拟量输出的类型。

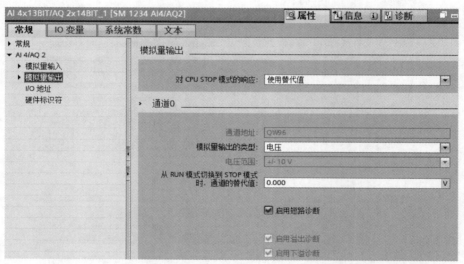

图 4-36　模拟输出属性

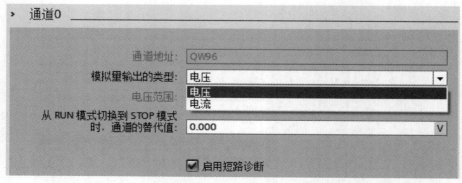

图 4-37　模拟量输出的类型

【案例 35】 变频器和变流器在离心机中的应用

视频讲解

（1）工程控制分析

图 4-38 所示的工业离心机是化工行业的主要设备之一，在化工企业电气传动中，离心机的变频传动应用非常普遍。但由于离心机工作在高转速状态下，设备的不安全因素也变得更多，一旦发生意外，不但设备损坏，造成巨大经济损失，而且有时还伴随着人身的伤亡。这就要求设备在运行时必须符合一定的安全条件，才可以开机，同时在开机后，一旦发生意外，必须采取紧急措施，把损失降低到最小。

实际上，当离心机运行在高转速下，采取上述任何措施，都不能使离心机快速停机，反而使得离心机停机时间更长，因为高速下一旦脱离变频器的驱动，离心机将溜车，反而时间会更长，到完全停下来最少也要半个多小时，这与紧急停车初衷相违背。

急停控制方案应该就是让离心机在高速故障时，能以最短的时间停下来，越短越好，最好在 1s 以内就停下来。实际上目前无法做到，因为带载高速运行后惯性太大了，能做到的就是在几秒内或几十秒内让它停下来。正常工作刹车，为避免减速时报过压故障，变频器设定减速时间 1 为 360s。紧急刹车时暂定为 30s，变频器减速时间 2 定为 30s，当然这要靠变频器和制动单元的承受能力，也就是利用变频器的"第 2 加减速时间"来实现离心机控制系统的快速制动。

图 4-38　工业离心机

（2）变频器电路设计与说明

离心机变频控制系统的电路如图 4-39 和图 4-40 所示。

① 变频器采用 A1000，多功能输入 S1 接启动信号（无论是低速 K1 还是高速 K2），S2 和 S3 是多段速（低速和高速），S4 接复位信号，S5 接急停信号。

② 此系统为快速制动，这里采用安川 D1000 再生变流器，即回馈制动单元，它与 A1000 的直流母线同向连接，KM 通电后，可以启动 SA1，让 D1000 处于运行状态，其紧急停止为 SB1。

③ PLC 为西门子 S7-1200，与制动单元故障和变频器急停、开盖、振动、低速、高速、制动、复位等信号相连，负责离心机的程序控制。

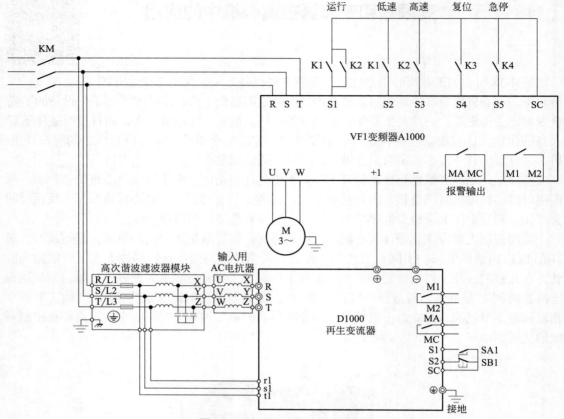

图 4-39　离心机电气主控制回路

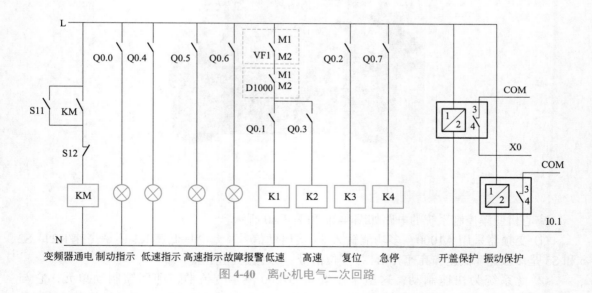

图 4-40　离心机电气二次回路

再生变流器 D1000 与变频器 A1000 的接线说明如下：

① 在再生变流器的电源侧安装噪声滤波器时，请在电源侧 KM 之后安装微调零相电抗器等电抗器型（无电容）噪声滤波器，勿安装电容内置型噪声滤波器，否则会因高次谐波成

分而导致电容过热或损坏。

② 将输入用 AC 电抗器与再生变流器之间的接线控制在 10m 以内。

③ 使用指定的 AC 电抗器与高次谐波滤波器（高次谐波滤波器模块），如果使用指定以外的型号，则无法保证动作。

④ 将再生变流器与变频器之间的直流电流母线接线长度控制在 5m 以内。

⑤ 接通电源之后，请设计在运行变频器之前先运行再生变流器的顺控。切断电源时，请设计按照变频器、电机、再生变流器的顺序停止后再切断电源的顺控。如果不运行再生变流器而直接运行变频器，或在再生变流器运行期间切断电源，则会导致变流器故障。

（3）变频器参数设置与工程调试

① 变频器参数设置。表 4-14 为离心机变频器参数设置。设计时考虑到实际情况，变频器的紧急停车设计为变频器的"第 2 加减速时间"30s，即快速减速，已经达到了变频器和制动单元的最大承受能力。

表 4-14　离心机变频器参数设置

参数	描述	实际设置值	备注
A1-02	控制模式的选择	2	无 PG 矢量控制
b1-02	运行指令选择	1	控制回路端子
C1-01	加速时间 1	360	正常情况下的加减速时间（s）
C1-02	减速时间 1	360	正常情况下的加减速时间（s）
C1-03	加速时间 2	30	紧急情况下的加减速时间（s）
C1-04	减速时间 2	30	紧急情况下的加减速时间（s）
d1-02	频率指令 2	25	2 速（Hz），即低速
d1-03	频率指令 3	50	3 速（Hz），即高速
H1-01	端子 S1 的功能选择	40	正转
H1-02	端子 S2 的功能选择	3	多段速 1
H1-03	端子 S3 的功能选择	4	多段速 2
H1-04	端子 S4 的功能选择	14	故障复位
H1-05	端子 S5 的功能选择	7	加减速时间选择 1
H2-01	端子 M1-M2 的功能选择	6	变频器运行准备完毕
L8-55	内置制动晶体管保护的选择	0	无效
L3-04	减速中防止失速功能选择	0	无效

② 离心机系统软件设计方案。本案例的 PLC 控制系统中考虑了离心机的各种联锁保护，有开盖、振动、人为紧急停车，都可以使离心机快速制动停车。变频器故障和制动单元故障

将不再快速刹车。这里的工艺比较典型：设有两个速度，一个低速，一个高速，设有急停，同时在故障消除后，能够手动复位。

离心机开盖，或振动超标，或急停按下后，都可以使 PLC 的 Y007 输出，接通继电器 K4，变频器的第 2 加减速时间起作用，同时变频器的高低速运行断开，变频器将按照参数 C1-03/C1-04 所设定的时间快速减速，从而实现离心机的快速制动。

③ 再生变流器 D1000 的调试。D1000 电源接通与切断的时序图如图 4-41 所示。

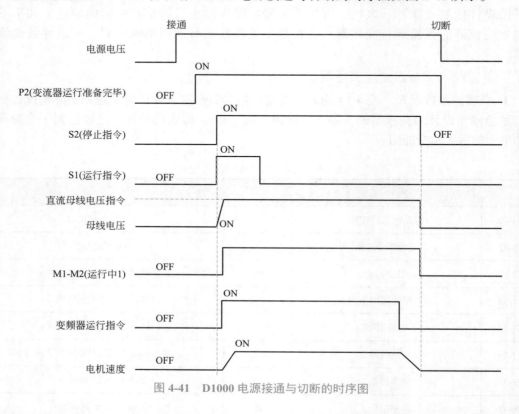

图 4-41　D1000 电源接通与切断的时序图

连接再生变流器与变频器进行运行时，需要注意以下事项：接通再生变流器的电源之后，请在多功能接点输出的再生变流器运行准备完毕信号置为 ON 后，输入再生变流器的运行指令；请确认再生变流器正在运行（运行中 1 为 ON），然后将变频器的运行指令设为 ON；停止再生变流器时，请将变频器的运行指令设为 OFF，确认电机停止之后再输入停止指令；再生变流器停止，且多功能接点输出的运行中 1 变为 OFF 之后，再切断电源。

D1000 再生变流器的参数设置如表 4-15 所示。运行时，请将 S2 接点的停机指令（4C）设为"闭"，将运行指令设为"开"；如果已开始运行，即使将运行指令设为"开"，也会继续运行。

表 4-15　D1000 再生变流器的参数设置

参数	描述	实际设置值	备注
b1-02	运行指令选择	1	控制回路端子
d8-01	直流母线电压值	660	400V 级最小值：600V；最大值：730V

参数	描述	实际设置值	备注
H1-01	端子 S1 的功能选择	4B	运行指令（二线制顺控）
H1-02	端子 S2 的功能选择	4C	停机指令（二线制顺控）
H2-01	端子 M1-M2 的功能选择 （接点）	0	运行中，表示正在输入运行指令或再生变流器正在输出电压

【案例 36】 变频器和同步电机在电梯中的应用

视频讲解

（1）工程控制分析

通常所说的电梯是垂直运行的电梯（也简称为电梯）、倾斜方向运行的自动扶梯、倾斜或水平方向运行的自动人行道的总称。电梯已成为人类现代生活中广泛使用的运输工具。人们对电梯安全性、高效性、舒适性的不断追求推动了电梯技术的进步。

电梯在驱动控制技术方面的发展经历了直流电机驱动控制、交流单速电机驱动控制、交流双速电机驱动控制、交流调压调速驱动控制、交流变压变频调速驱动控制、交流永磁同步电机变频调速驱动控制等阶段。

电梯停层时梯速为零。正常运行时以额定速度做匀速直线运动。在零速与额定速度之间则做加速或减速过渡，对这一段时间里电机转速的控制叫作调速。在轿厢做加速或减速运动时，乘客会出现超重与失重。普通人对超重和失重的承受能力是很有限的，我国国标 GB/T 10058—2009 规定了加速度 a 不得大于 $1.5\mathrm{m/s^2}$。

低速电梯常采用交流双速（AC-2）方案，控制环节少，故障概率低，主要缺点是平层准确度和乘坐舒适感很难两全。中速电梯多采用调压调速技术，这种调速方式用改变电压的方式改变电机的转矩，通过对电机转矩与负载力矩之间差值的调整，控制电机正、负角加速度，并用全闭环的控制方式使电梯在受控的速度和加速度下运行，该种调速方式曾经是国产电梯常采用的方式。近年来在电梯中大量应用了变频调压调速（VVVF）的新技术，这种调速技术发展很快，如果配上交流同步电机，其调速性能已完全可与直流电机相媲美，除了具有良好的舒适感之外，平层准确度也大为提高，而且具有明显的节能效果。

（2）变频器电梯控制硬件电路设计

图 4-42～图 4-44 为基于安川 L1000A 变频器的交流同步电机曳引机控制的主电路和控制电路，具体说明如下：

① L1000A 变频器运行接触器 KKC 的闭合，前提条件是安全回路接触器 JTC 闭合，而 JTC 闭合则分两种情况，即检修和正常运行，具体与安全钳、缓冲器、下极限、上极限、夹绳器、限速器、轿内急停、轿顶急停、安全窗、断绳张紧、底坑急停、松闸盘车、柜内急停、轿顶检修、轿厢检修、变频器无故障常闭触点以及相序常开触点有关。

② L1000A 变频器输出接触器 KMC 的闭合与变频器正常运行触点 M1、M2 有关。

③ PG-X3 卡接线中，电源正极 IP，电源负极 IG，输入端子 A+/A−、B+/B−、Z+/Z−，屏蔽线端子 PE。

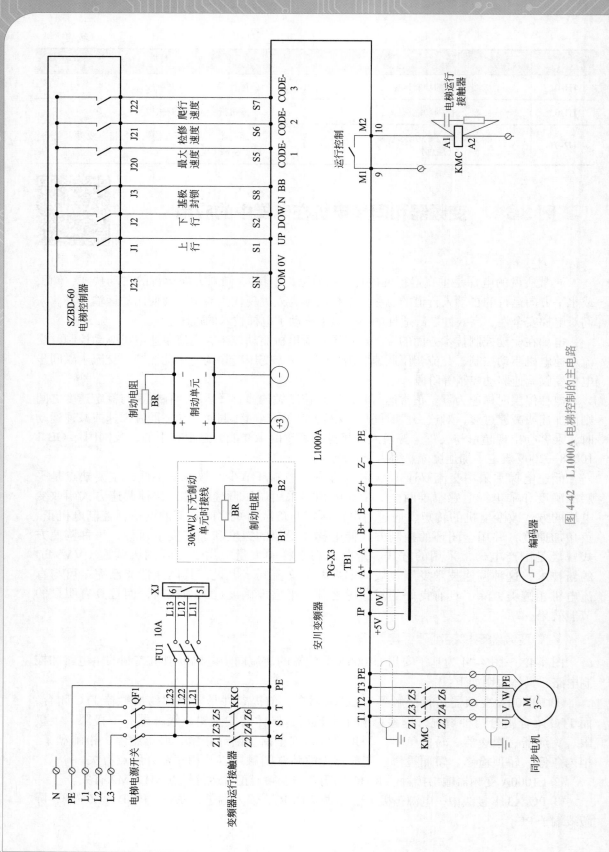

图 4-42　L1000A 电梯控制的主电路

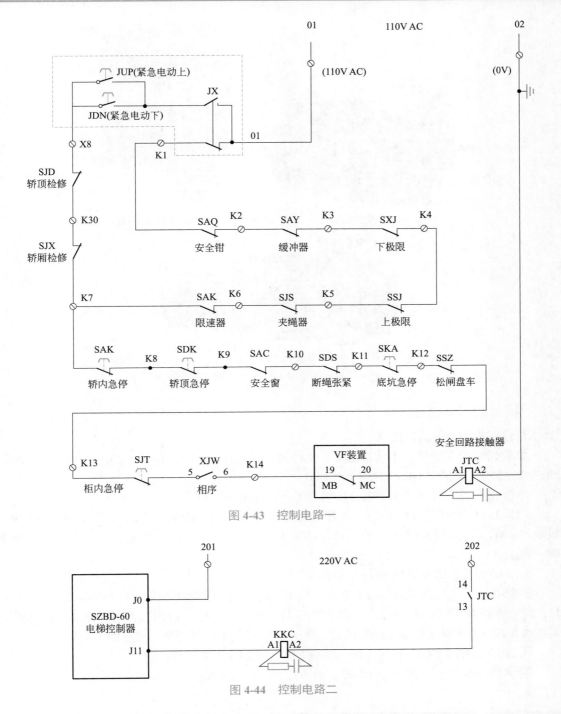

图 4-43 控制电路一

图 4-44 控制电路二

④ L1000A 的外部端子接线中，正反转 S1/S2（即上行或下行），使能端子（BB）S8（设定 H1-08=9），多段速 S5、S6、S7，外部电源公共端 SN，输出信号 M1、M2（功能定义 H2-01=0），故障节点 MB（常闭）、MC，制动单元 +3、–（小容量变频器接制动电阻 B1/B2）。

图 4-45 为应用在电梯曳引机的 PM 同步电机种类，包括底坑安装电机、薄型 SPM 电机、细长型同步 SPM 电机等。

(a) 底坑安装电机　　　　　　　(b) 薄型SPM电机

(c) 细长型同步SPM电机

图 4-45　应用在电梯曳引机的 PM 同步电机种类

（3）电梯变频器调试

① 设定控制方式 A1-02=7。

② 空轿厢停在底楼，手动松抱闸，上行溜动，监视 U1-05。若为正值，则 F1-05 无需改动；若为负值，则将 F1-05 现有值改掉（0 → 1，1 → 0）。

③ 静止形自学习有三步（输出接触器闭合，抱闸不用打开）。

a.T2-01=1（静止形自学习），查看电机功率 T2-04，额定电压 T2-05，额定电流 T2-06，极数 T2-08，额定转速 T2-09，编码器脉冲数 T2-16；验证 E1- □□ 和 E5- □□ 是否与电机铭牌一致。

b.T2-01=3（初次磁极检测参数自学习）。

c. T2-01=4（电梯角度自学习）后，开慢车上行，曳引机旋转 5 圈以上，查看磁极角度 E5-11；断电重新做 T2-01=4，验证 E5-11 三次，每次角度差异在 5°以内，否则检查编码器安装及其接线（若开慢车曳引机发生剧烈抖动，调整 U/V/W 其中两相相序，重新做 T2-01=4）。

④ 加减速时间（C1-01、C1-02）、S 字时间（C2-01 ～ C2-05）。

⑤ 多段速设定值（d1-02、d1-03、d1-05）如表 4-16 所示。

表 4-16　多段速设定值

速度输出	J20（S5）	J21（S6）	J22（S7）	参数对应
爬行速度	0	0	1	d1-05
检修速度	0	1	0	d1-03
最大速度	1	0	0	d1-02

⑥ 编码器相关参数 F1- □□。

⑦ 运行中的舒适度，调整 ASR 参数（C5-01 ～ C5-07）。

⑧ 试运转电机。

三次自学习结束后，电机进行试运行，将电机以 10%、20% 的速度运行。试运行设定 N8-35=2，S6-10=0。如果出现 DV6，改变 F1-05=0 或 1（编码器相位调整）。观察运行是否有异常振动或者响声。监视 U1-03 的值是否正常，有无波动，是否过大。断电（操作器显示消失），然后通电，再运行，观察是否能顺利启动（此为初期磁极检测功能测定）。重复以上步骤操作数次并观察。

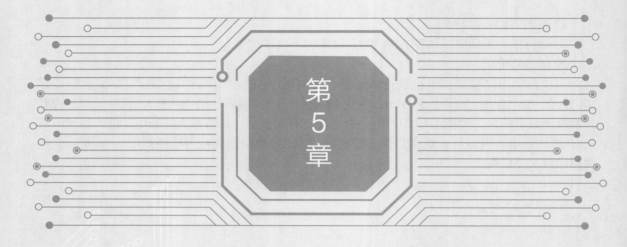

第5章

变频器在通信控制中的工程案例

变频器被广泛应用于工业控制现场的交流传动中。通常变频器控制由操作面板来完成，也可通过输入外部的控制信号来实现。而目前在实际的应用中，变频器与控制器之间更趋于通过现场实时总线通信的方式来实现数据的交互，上位机可以通过 RS232/RS485 或现场总线实现通信。USS 是西门子公司为变频调速器开发的串口通信协议，可支持变频调速器同主机（PC 或 PLC）之间建立通信连接；PROFIBUS 和 PROFINET 是一种国际性的开放式的现场总线标准，已经广泛应用于工业自动化；Modbus 传输协议定义了控制器可以识别和使用的信息结构，而不用考虑通信网络的拓扑结构。本章主要介绍了变频器在通信控制中应用的 6 个工程案例。

5.1 　西门子 V20 变频器通信案例

【案例 37】　Commix 串口调试工具与 V20 变频器的通信

（1）Commix 概述

Commix 是为工业控制设计的串口设备调试工具，已被很多工控行业人员使用，主要特点如下：

视频讲解

① 能根据设备的通信协议，方便地生成多种冗余校验，如 Modbus，并加上结束符，适用于大多数串口通信的工业设备；

② 能够混合输入十六进制数、十进制数、ASCII 字符，这种功能通过转义符"\"实现；

③ 支持串口 1～255，可以自定义任意通信参数组合，随时改变参数而不用关闭串口，支持不常用的波特率等；

④ 可以测出设备的响应间隔。

USB口

RS485串口

图 5-1　USB/485 转换器

（2）V20 变频器与 PC Commix 进行通信的硬件基础

要实现西门子 V20 变频器与 PC Commix 的通信，必须要具备 USB/485 转换器（图 5-1）、V20 驱动装置和一台装有 Commix 软件的 PC 机。

USB/485 转换器的相关参数如下：

① 指示灯：2 个信号指示灯发送（TXD）、接收（RXD）指示数据流量，可检测故障点；

② 电气特性：兼容 RS485、RS422 TIA/EIA 标准，并完全兼容 USB2.0；

③ 工作电源：USB 总线直接取电，无需外接电源；

④ 工作方式：异步半双工差分传输（RS485）和异步全双工差分传输（RS422）无需跳线设置，自动切换工作模式；

⑤ USB 信号：VCC、DATA-、DATA+、GND、FG；

⑥ 通信速率：300 ～ 115200bps；

⑦ 传输距离：RS485/422 端 1200m、USB 口不超过 5m；

⑧ 传输介质：双绞线或屏蔽线。

PC 与 V20 变频器通信的接线具体如图 5-2 所示。

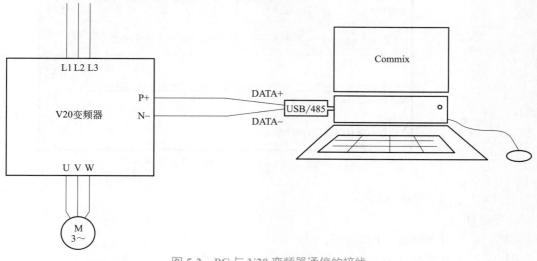

图 5-2　PC 与 V20 变频器通信的接线

（3）Commix 通过 Modbus 协议读取 V20 变频器内参数

① 参数设置（表 5-1）。选择 Modbus RTU 通信方式，包括 P0003、P0700、P1000、P2023、

P2010、P2021、P2022，并设置加减速 P1120=5、 P1121=10。

表 5-1　参数设置

参数	描述	实际设置	备注
P0003	用户访问级别	3	专家
P0700[0]	选择命令源	5	RS485 为命令源
P1000[0]	选择频率	5	RS485 为速度设定值
P2023[0]	RS485 协议选择	2	Modbus RTU 协议
P2010[0]	USS/Modbus 波特率	6	波特率为 9600bps
P2021[0]	Modbus 地址	2	V20 的 Modbus 地址
P2022[0]	Modbus 应答超时	2000	向主站发回应答的最大时间（ms）
P2014[0]	USS/Modbus 报文间断时间	0	接收数据时间（ms）
P1120[0]	斜坡上升时间	5	加速时间（s）
P1121[0]	斜坡下降时间	10	减速时间（s）

② 打开串口调试软件 Commix（此处为中文版 1.3），设置好相应通信数据发送指令，观察反馈信息（图 5-3）。

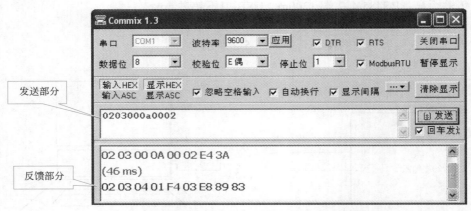

图 5-3　串口调试软件 Commix 发送指令及反馈信息

发送和反馈字节说明如下。

a. 发送部分：

02　　　　从站地址，P2021=2；

03　　　　读取从站信息；

000a　　　读取地址，是十六进制数，从表 5-2 中查到 P1120 对应的地址为 40011，40011-40001=10 转化为十六进制数位 000a；

0002　　　读取位数为两位，即读 000a 和 000b 的内容，即 P1120 和 P1121 参数的内容。

b. 反馈部分：

02	从站地址，P2021=2；
03	读取从站信息；
04	读到 4 个字节数据；

01F4   P1120 内的数据，转化为十进制 500，表格内比例为 100，即变频器实际数字值为 5s；

03E8   P1121 内的数据，转化为十进制 1000，即实际减速时间为 10s。

由此可见，通过 Modbus 通信协议，能准确快速读取变频器内的参数值。

表 5-2　加速时间和减速时间的寄存器

寄存器号	描述	Modbus 存取	单位	取值范围	备注
40011	加速时间	RW	s	0.00 ～ 650.00	P1120
40012	减速时间	RW	s	0.00 ～ 650.00	P1121

（4）通过 Modbus RTU 协议直接写入变频器内参数

图 5-4 为对寄存器 40011（即加速时间）进行修改的案例，发送指令即往 P1120 内写加速度为 H0384，转化为十进制 900，即 9s；发送后打开变频器内 P1120 参数，如果确实数据为 9.00，证明通信成功。

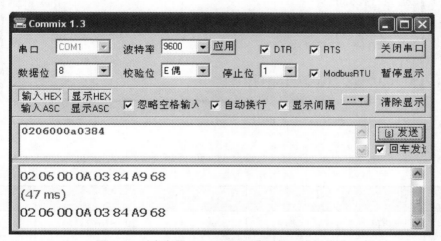

图 5-4　对寄存器 40011（即加速时间）进行修改

（5）同时修改连续地址的两个或多个参数

图 5-5 为同时修改连续地址的两个或多个参数的案例，发送指令即同时设置加减速时间为 H01F4，转化为十进制 500，即 5s。发送后，打开变频器内参数，如果 P1120 和 P1121 内参数均为 5.00，说明修改成功。

（6）读取连续地址的 r 参数

图 5-6 为读取连续地址的 r 参数（即只读参数）的案例。根据表 5-3 可知，从反馈指令中读到 r0027、r0031、r0032 中数值均为 0，实际观察变频器内实际参数，确实均为 0。

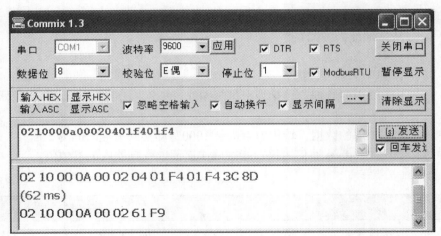

图 5-5　同时修改连续地址的两个或多个参数

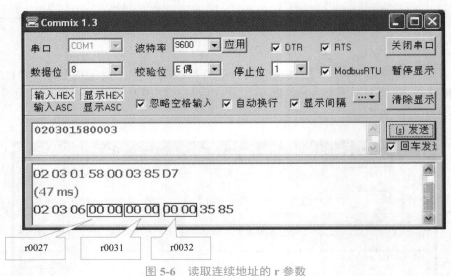

图 5-6　读取连续地址的 r 参数

表 5-3　r 参数对应的寄存器

寄存器号	描述	Modbus 存取	单位	取值范围	备注
40345	电流	R	A	$0 \sim 163.83$	r0027
40346	转矩	R	N·m	$-325.00 \sim 325.00$	r0031
40347	实际功率	R	kW	$0 \sim 327.67$	r0032

【案例38】　S7-1200 PLC 与 V20 变频器的 USS 通信

(1) USS 协议概述

USS（Universal Serial Interface，即通用串行通信接口）是西门子专为变频器装置开发的通信协议，图 5-7 为 S7-1200/1500 PLC 通过 USS 协议来控制

视频讲解

多台 V20 变频器的架构，该架构的基本特点如下：

① 支持多点通信（因而可以应用在 RS485 等网络上）；

② 采用单主站的"主 - 从"访问机制；

③ 每个网络上最多可以有 32 个节点（最多 31 个从站）；

④ 简单可靠的报文格式，使数据传输灵活高效；

⑤ 容易实现，成本较低。

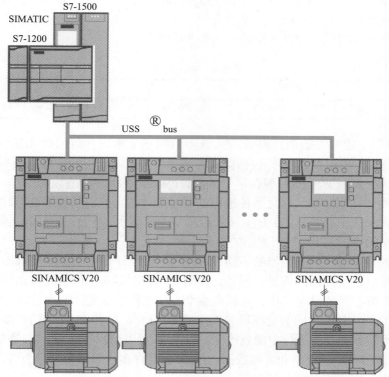

图 5-7　S7-1200/1500 PLC 通过 USS 协议来控制多台 V20 变频器的架构

USS 的工作机制是通信总是由主站发起，USS 主站不断循环轮询各个从站，从站根据收到的指令，决定是否以及如何响应。从站永远不会主动发送数据。从站在以下条件满足时应答：接收到的主站报文没有错误，并且本从站在接收到主站报文中被寻址。上述条件不满足，或者主站发出的是广播报文，从站不会做任何响应。对于主站来说，从站必须在接收到主站报文之后的一定时间内发回响应，否则主站将视为出错。

USS 的字符传输格式符合 UART 规范，即使用串行异步传输方式。USS 在串行数据总线上的字符传输帧为 11 位长度，如表 5-4 所示。

表 5-4　USS 字符帧表

起始位	数据位								校验位	停止位
1	0 LSB	1	2	3	4	5	6	7 MSB	偶×1	1

USS 协议的报文简单可靠，高效灵活。报文由一连串的字符组成，协议中定义了它们的

特定功能，如表 5-5 所示。

表 5-5　USS 报文结构

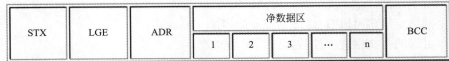

STX	LGE	ADR	净数据区					BCC
			1	2	3	…	n	

每小格代表一个字符（字节）。其中，STX：起始字符，总是 02 h；LGE：报文长度；ADR：从站地址及报文类型；BCC：校验符。

净数据区由 PKW 区和 PZD 区组成，如表 5-6 所示。

表 5-6　净数据区

PKW区						PZD区			
PKE	IND	PWE1	PWE2	…	PWEm	PZD1	PZD2	…	PZDn

PKW 区域用于读写参数值、参数定义或参数描述文本，并可修改和报告参数的改变。在 PKW 区中，PKE 表示参数 ID，包括代表主站指令和从站响应的信息以及参数号等；IND 表示参数索引，主要用于与 PKE 配合定位参数；PWEm 表示参数值数据。

PZD 区域用于在主站和从站之间传递控制和过程数据。控制参数按设定好的固定格式在主、从站之间对应往返。如 PZD1 是主站发给从站的控制字/从站返回主站的状态字；PZD2 是主站发给从站的给定/从站返回主站的实际反馈。

根据传输的数据类型和变频器的不同，PKW 区和 PZD 区的数据长度都不是固定的，它们可以灵活改变以适应具体的需要。但是，在用于与控制器通信的自动控制任务时，网络上的所有节点都要按相同的设定工作，并且在整个工作过程中不能随意改变。

需要注意的是，对于不同的变频器和工作模式，PKW 区和 PZD 区的长度可以按一定规律定义。一旦确定就不能在运行中随意改变。PKW 区可以访问所有对 USS 通信开放的参数；而 PZD 区仅能访问特定的控制和过程数据。PKW 区在许多变频器中是作为后台任务处理的，因此 PZD 区的实时性要比 PKW 区好。

（2）V20 变频器与 S7-1200 PLC 进行 USS 通信的硬件基础

要实现 V20 变频器与 S7-1200 PLC 之间的 USS 通信，必须要具备 S7-1200 PLC（这里选 CPU1214C）、PLC 通信模块 CM1241 RS422/485、通信电缆、V20 驱动装置和 PC 机。

① 通信接线。用电缆将 S7-1200 CM1241 RS422/485 端口与 V20 的 RS485 接口相连，注意端口连接规则，即 V20 变频器的 P+ 对 3、N- 对 8，具体如图 5-8 所示。

在 USS 通信接线过程中，需要注意以下两点：

a. 偏置电阻用于在复杂的环境下确保通信线上的电平在总线未被驱动时保持稳定，终端电阻用于吸收网络上的反射信号，一个完善的总线型网络必须在两端接偏置和终端电阻。

b. 通信线与动力线分开布线，紧贴金属板安装也能改善抗干扰能力，驱动装置的输入/输出端要尽量采用滤波装置，并使用屏蔽电缆。

② 变频器参数设置。V20 变频器可以通过选择连接宏 Cn010 实现 USS 控制，也可以通过直接更改变频器参数的方法来实现，其参数设置如表 5-7 所示。注意操作权限的选择，否则有些参数不能被看见和修改。

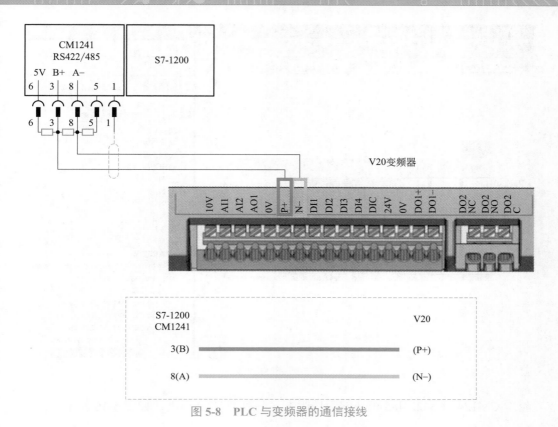

图 5-8　PLC 与变频器的通信接线

表 5-7　通信参数设置

参数	说明	Cn010 默认值	实际设置	备注
P0700[0]	选择命令源	5	5	RS485 为命令源
P1000[0]	选择频率	5	5	RS485 为速度设定值
P2023	RS485 协议选择	1	1	USS 协议
P2010[0]	USS/Modbus 波特率	8	8	波特率为 38400bps
P2011[0]	USS 地址	1	1	变频器的 USS 地址
P2012[0]	USS PZD 长度	2	2	PZD 部分的字数
P2013[0]	USS PKW 长度	127	4	PKW 部分的字数
P2014[0]	USS/Modbus 报文间断时间	500	500	接收数据时间（ms）

（3）S7-1200 PLC 编程

① 硬件配置组态。关于西门子 S7-1200/1500 PLC 博途软件（TIA）的应用请参考相应的说明书，这里不再一一讲解。

在图 5-9 所示的硬件目录中，选择"通信模块→点到点→ CM1241（RS422/485）"，将 6ES7241-1CH32-0XB0 拖曳至 CPU1214C DC/DC/DC 左侧 101 槽号的位置。

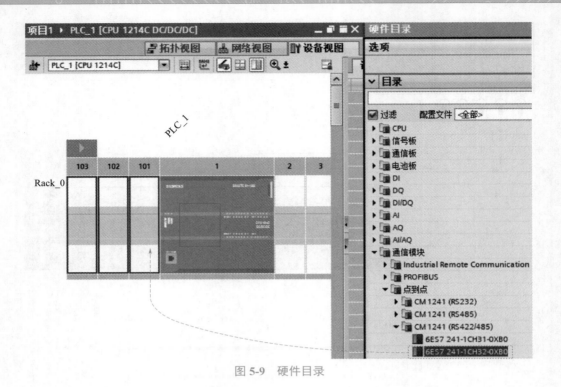

图 5-9　硬件目录

查看 CM1241 RS422/485 模块的固件版本，一般是 V2.2 以上，如图 5-10 所示。

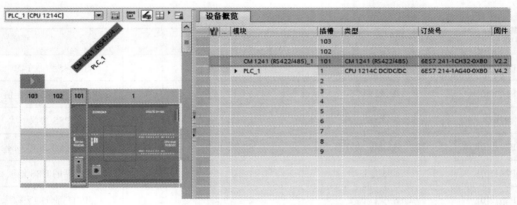

图 5-10　CM1241 RS422/485 模块的固件版本

　　图 5-11 为 CM1241 RS422/485 模块的属性设置，具体包括协议为"自由口"、操作模式为"半双工（RS-485）2 线制模式"、接收线路初始状态为"无"、波特率为"38400bps"。

　　② USS 指令库。图 5-12 所示的 USS 通信指令是专为 S7-1200 PLC USS 通信应用而设计的指令库，该指令库包括预先组态好的子程序和中断程序，这些子程序和中断程序都是专门为通过 USS 协议与驱动通信而设计的。通过 USS 指令，用户可以控制西门子变频器，并读 / 写变频器参数。

　　③ USS_PORT 指令。USS_PORT 功能块用来处理 USS 网络上的通信，它是 S7-1200 PLC CPU 与变频器的通信接口，如图 5-13 所示。

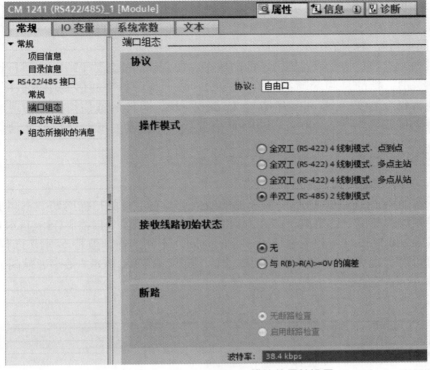

图 5-11　CM1241 RS422/485 模块的属性设置

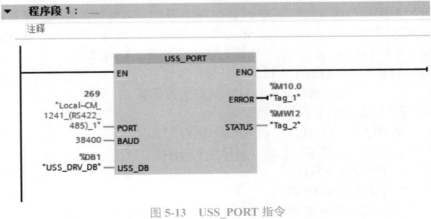

图 5-12　USS 指令库

▼　程序段 1：......

注释

```
                    USS_PORT
            EN                ENO
                                        %M10.0
        269                 ERROR —  "Tag_1"
   "Local~CM_
   1241_(RS422_                        %MW12
      485)_1" — PORT      STATUS —  "Tag_2"
      38400 — BAUD
        %DB1
   "USS_DRV_DB" — USS_DB
```

图 5-13　USS_PORT 指令

每个 CM1241 RS422/485 模块有且必须有一个 USS_PORT 功能块，具体参数含义如下：

☆ PORT：指的是通过哪个通信模块进行 USS 通信，即 S7-1200 PLC 的硬件标识，此处是 269，不同项目配置的值不同。

☆ BAUD：指的是和变频器进行通信的速率，在变频器的参数 P2010 中进行设置。

☆ USS_DB：指的是和变频器通信时的 USS 数据块。每个通信模块最多可以有 16 个 USS 数据块，每个 CPU 最多可以有 48 个 USS 数据块，具体的通信情况要和现场实际情况相联系。每个变频器与 S7-1200 PLC 进行通信的数据块是唯一的。该数据库是程序段 2 的 USS_DRV 调用时自动建立的。

☆ ERROR：输出错误。

☆ STATUS：扫描或初始化的状态。

需要注意的是：S7-1200 PLC 与变频器的通信是与它本身的扫描周期是不同步的，在完成一次与变频器的通信事件之前，S7-1200 PLC 通常完成了多个扫描。USS_PORT 通信的时间间隔是 S7-1200 PLC 与变频器通信所需要的时间，不同的通信波特率对应的不同的 USS_PORT 通信间隔时间。表 5-8 列出了不同的波特率对应的 USS_PORT 最小通信间隔时间、通信超时的时间间隔关系。

表 5-8 不同的波特率对应的通信间隔时间

USS 波特率设置 /bps	变频器的最小通信间隔时间 /ms	变频器通信超时的时间间隔 /ms
1200	790	2370
2400	405	1215
4800	212.5	638
9600	116.3	349
19200	68.2	205
38400	44.1	133
57600	36.1	109
115200	28.1	85

④ USS_DRV 指令。如图 5-14 所示，使用 USS_DRV 指令来控制 USS 地址为 1 的变频器。

USS_DRV 功能块用来与变频器进行数据交换，从而读取变频器的状态以及控制变频器的运行。每个变频器使用唯一的一个 USS_DRV 功能块，但是同一个 CM1241 RS422/485 模块 USS 网络的所有变频器（最多 16 个）都使用同一个 USS_DRV_DB。

USS_DRV 功能块具体参数含义如下：

☆ USS_DRV_DB：指定变频器进行 USS 通信的数据块。

☆ RUN：指定 DB 块的变频器启动指令。

☆ OFF2：紧急停止，自由停车。该位为 0 时停车。

☆ OFF3：快速停车，带制动停车。该位为 0 时停车。

☆ F_ACK：变频器故障确认。

☆ DIR：变频器控制电机的转向。

☆ SPEED_SP：变频器的速度设定值。

☆ ERROR：程序输出错误。

☆ RUN_EN：变频器运行状态指示。

☆ D_DIR：变频器运行方向状态指示。

☆ INHIBIT：变频器是否被禁止的状态指示。

☆ FAULT：变频器故障。

☆ SPEED：变频器反馈的实际速度值。

☆ DRIVE：变频器的 USS 站地址，变频器参数 P2011 设置。

☆ PZD_LEN：变频器的循环过程字，变频器参数 P2012 设置。

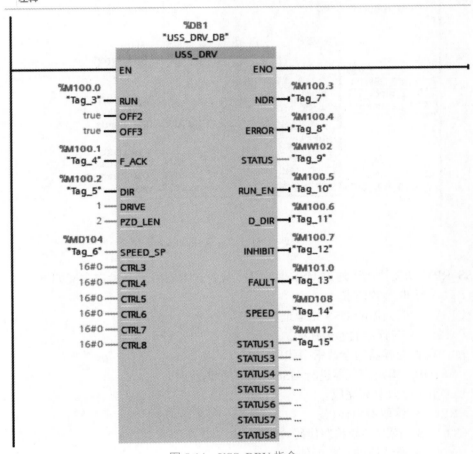

图 5-14　USS_DRV 指令

变频器 PKW 区的长度在这里是需要特殊注意的，在使用 USS 通信时一般是 4，如果改成 3 或者 127 都将不能读取反馈回来的过程值。

当同一个 S7-1200 PLC CPU 带有多个 CM1241（最多 3 个）时，通信的 USS_DB 相对应的是 3 个，每个 CM1241 模块的 USS 网络使用相同的 USS_DB，不同的 USS 网络使用不同的 USS_DB。

⑤ USS_RPM 读取变频器参数。USS_RPM 功能块的编程如图 5-15 所示，本例中读取 PARAM 参数 2013、索引为 0（即 P2013[0]）值为 4，也就是 PKW 区的长度为 4。

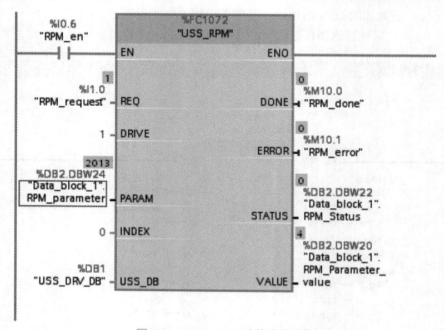

图 5-15 USS_RPM 功能块的编程

USS_RPM 功能块用于通过 USS 通信从变频器读取参数，其参数含义如下：

☆ REQ：读取参数请求。

☆ DRIVE：变频器的 USS 站地址。

☆ PARAM：变频器的参数代码。

☆ INDEX：变频器的参数索引代码。

☆ USS_DB：指定变频器进行 USS 通信的数据块。

☆ DONE：读取参数完成。

☆ ERROR：读取参数错误。

☆ STATUS：读取参数状态代码。

☆ VALUE：所读取的参数的值。

注意

进行读取参数功能块编程时，各个数据的数据类型一定要正确对应。如果需要设置变量读取参数时，注意该参数变量的初始值不能为 0，否则容易产生通信错误。

⑥ USS_WPM 功能块的编程。USS_WPM 功能块的编程如图 5-16 所示。

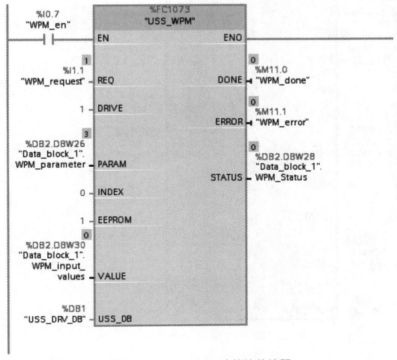

图 5-16　USS_WPM 功能块的编程

USS_WPM 功能块用于通过 USS 通信设置变频器的参数，其参数含义如下：

☆ REQ：读取参数请求。

☆ PARAM：变频器的参数代码。

☆ INDEX：变频器的参数索引代码。

☆ EEPROM：把参数存储到变频器的 EEPROM。

☆ VALUE：设置参数的值。

☆ USS_DB：指定变频器进行 USS 通信的数据块。

☆ DONE：读取参数完成。

☆ ERROR：读取参数错误状态。

☆ STATUS：读取参数状态代码。

注意

　　对写入参数功能块编程时，各个数据的数据类型一定要正确对应。如果需要设置变量进行写入参数值时，注意该参数变量的初始值不能为 0，否则容易产生通信错误。

（4）通信故障处理

　　如果读写同时使能，则报错 818A：参数请求通道正在被本变频器的另一请求占用。如图 5-17 所示。

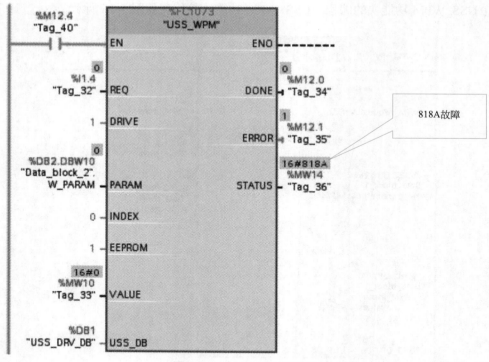

图 5-17　读写同时使能报错

如果通信断开，则 PORT 报错 818B，如图 5-18 所示。

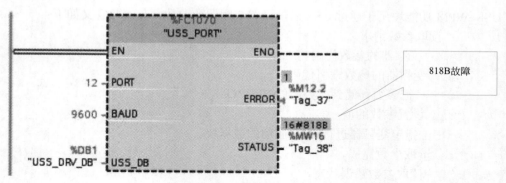

图 5-18　通信断开报错

如果速度设定值不正确，则报错 8186，如图 5-19 所示。

S7-1200 PLC 通过 CM1241 RS422/485 模块与变频器进行 USS 通信时，需要注意如下几点：

① 当同一个 CM1241 RS485 模块带有多个（最多 16 个）USS 变频器时，这个时候通信的 USS_DB 是同一个，USS_DRV 功能块调用多次，每个 USS_DRV 功能块调用时，相对应的 USS 站地址与实际的变频器要一致，且其他的控制参数也要一致。

② 当同一个 S7-1200 PLC 带有多个 CM1241 RS485 模块（最多 3 个）时，这个时候通信的 USS_DB 相对应的是 3 个，每个 CM1241 RS485 模块的 USS 网络使用相同的 USS_DB，

不同的 USS 网络使用不同的 USS_DB。

③ 当对变频器的参数进行读写操作时，注意不能同时进行 USS_RPM 和 USS_WPM 的操作，并且同一时间只能进行一个参数的读或者写操作，而不能进行多个参数的读或者写操作。

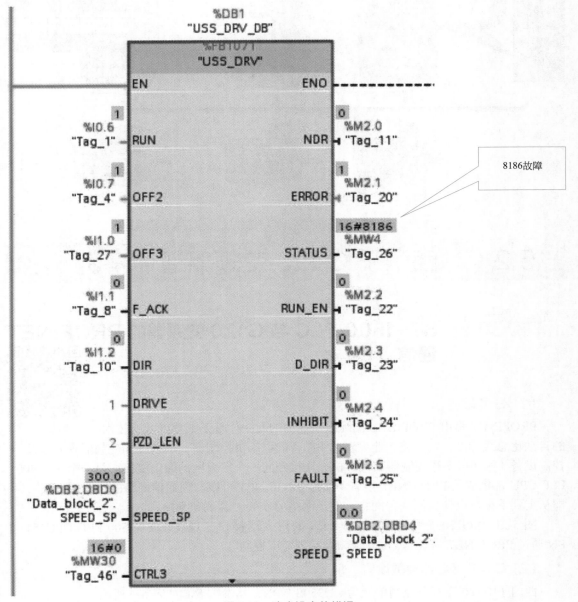

图 5-19　速度设定值错误

（5）拓展应用

本例的 PLC 如果选择 S7-1500 时，则选用 CM PtP RS422/485 BA 通信模块（6ES7540-1AB00-0AA0）来跟 V20 变频器进行 USS 通信，具体接线如图 5-20 所示。

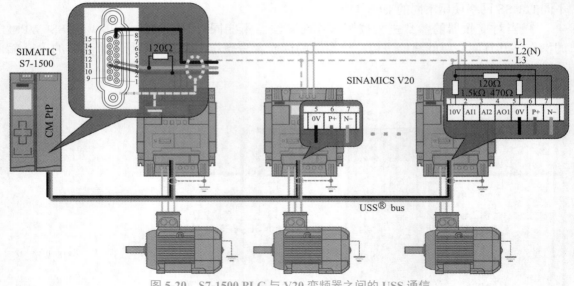

图 5-20 S7-1500 PLC 与 V20 变频器之间的 USS 通信

5.2 西门子 G120 变频器通信案例

【案例 39】 S7-1500 PLC 与 G120 变频器的 PROFINET 通信

(1) 任务描述

视频讲解

PROFINET 是由 PROFIBUS 国际组织推出的新一代基于工业以太网技术的自动化总线标准，它是将工业设备（例如智能电动机控制器、触摸屏和变频器等）以及控制设备（例如可编程控制器和计算机）连接到同一个以太网的通信链接。每一个 S7-1500 PLC CPU 都集成了 PROFINET 接口，通过 PROFINET 可以实现通信网络的"一网到底"，即从上到下都可以使用同一种网络，便于网络的安装、调试和维护。

图 5-21 为 G120 变频器 CU250S-2 PN 的以太网接口，现要求 S7-1500 PLC CPU1511-1 PN 通过 PROFINET 来控制 G120 变频器实现速度控制。

(2) G120 变频器参数设置

西门子 G120 变频器控制单元为 CU250S-2 PN，其参数设置如表 5-9 所示。

表 5-9 G120 变频器参数设置

参数号	参数设置	备注
P15	7	变频器宏程序，选择现场总线控制
P922	1	选择"标准报文 1，PZD2/2"

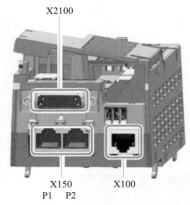

图 5-21　G120 变频器 CU250S-2 PN 的以太网接口

PROFINET 的以太网地址通过博途软件来进行分配，按照图 5-22 所示的步骤进行。

① 选择"更新可访问的设备"，并点击"在线并诊断"；

② 点击"分配 IP 地址"；

③ 设置 G120 IP 地址和子网掩码；

④ 点击"分配 IP 地址"按钮，分配完成后，需重新启动驱动，新配置才生效。

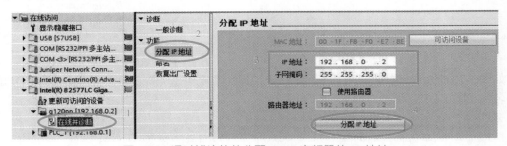

图 5-22　通过博途软件分配 G120 变频器的 IP 地址

（3）PLC 硬件组态

找到 G120 变频器的 GSD 文件，并在博途项目中进行导入（图 5-23）。在网络视图中添加 G120 设备（本案例中选用 SINAMICS G120 CU250S-2 PN Vector V4.7），如图 5-24 所示。

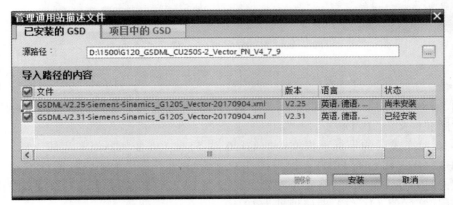

图 5-23　导入 G120 变频器的 GSD 文件

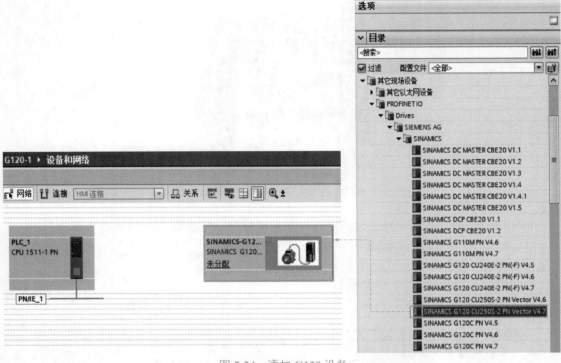

图 5-24　添加 G120 设备

如图 5-25 所示，连接网络并设置 G120 变频器的常规信息（图 5-26）、IP 地址及 PROFINET 设备名称（图 5-27）。

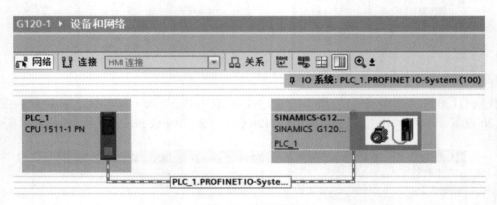

图 5-25　连接网络

在图 5-28 所示的设备视图设备概览中为 G120 添加报文，从图 5-29 中众多的报文协议中选择"标准报文 1，PZD2/2"。

图 5-30 为完成后的带标准报文 1 的 G120 设备。G120 变频器组态完成以后，其 I/O 地址就是 IB32-IB35 和 QB8-QB11，根据图 5-31 所示的西门子 G120 变频器标准报文，控制字 1 对应的地址为 QW8，状态字 1 对应的地址为 IW32；转速设定值（16 位）对应地址为 QW34，转速实际值（16 位）对应地址为 IW10。

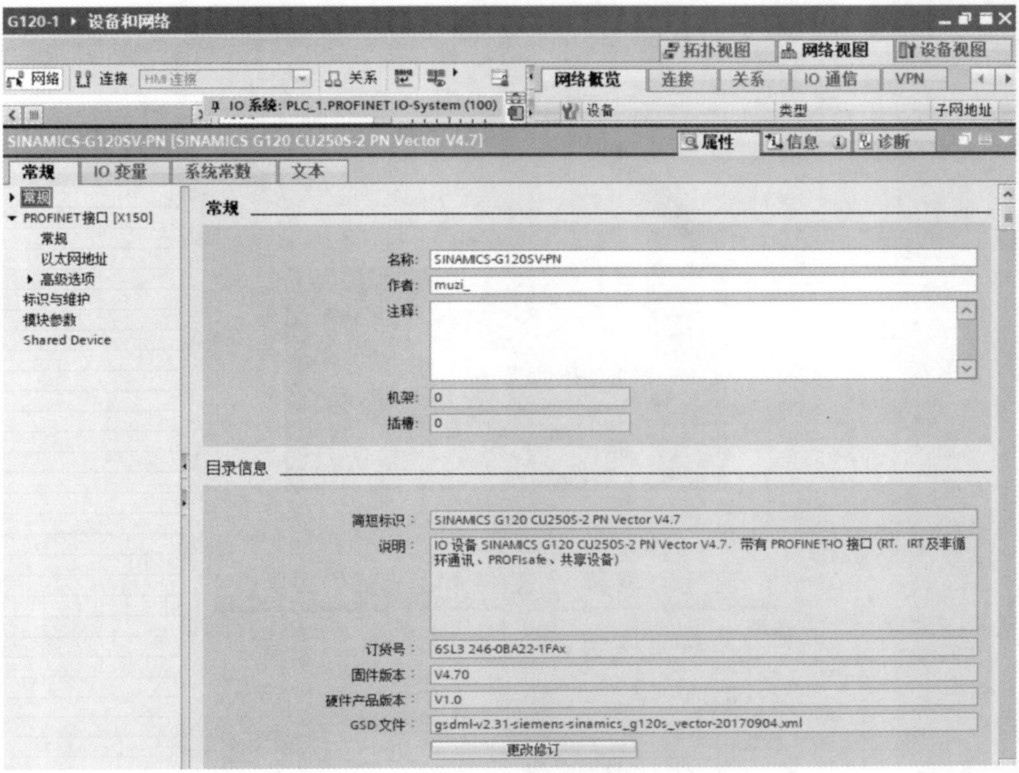

图 5-26　G120 变频器的常规信息

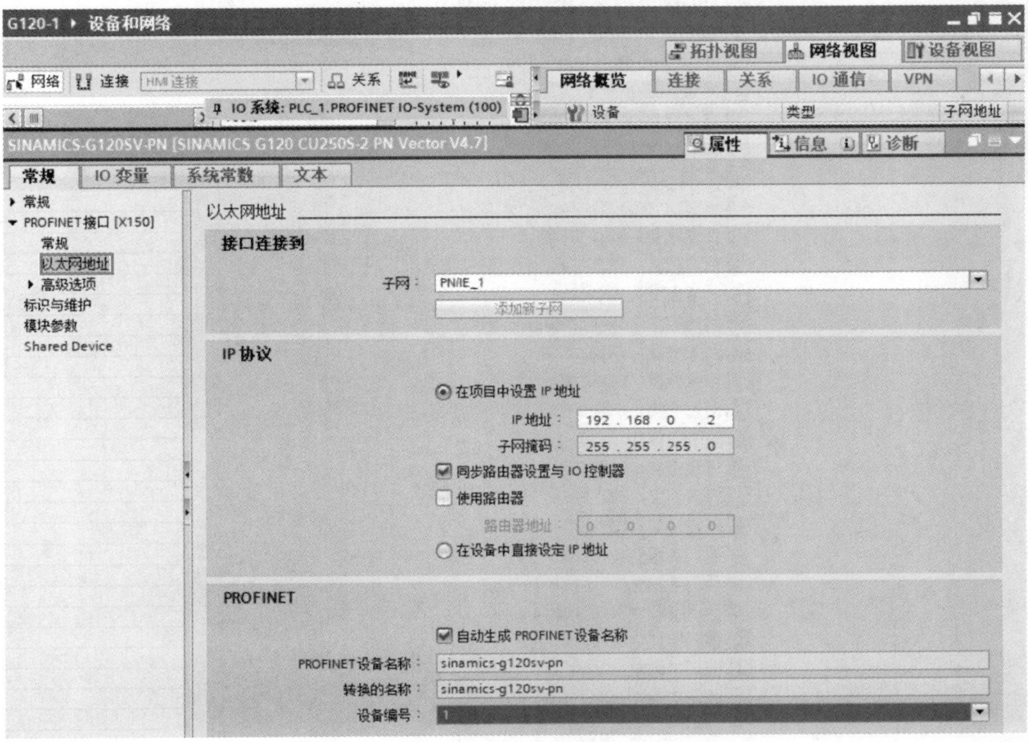

图 5-27　G120 变频器的 IP 地址及设备名称

图 5-28　G120 设备概览

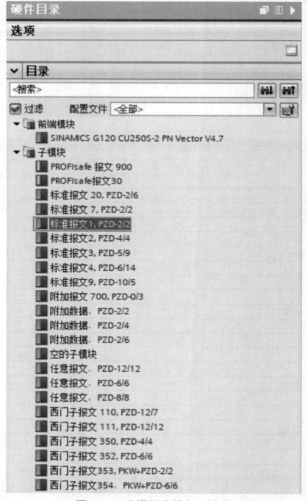

图 5-29　选择标准报文 1 协议

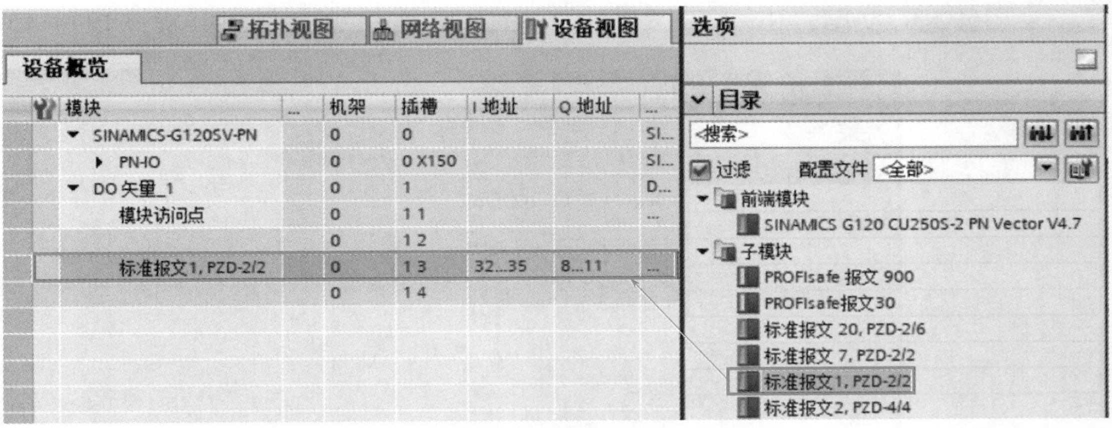

图 5-30　完成后的带标准报文 1 的 G120 设备

报文编号	1		2		3		4		7		9		20	
过程值1	控制字1	状态字1	控制字1	状态字1	控制字1	状态字1	控制字1	状态字1	控制字1	状态字1	控制字1	状态字1	控制字1	状态字1
过程值2	转速设定值16位	转速实际值16位	转速设定值32位	转速实际值32位	转速设定值32位	转速实际值32位	转速设定值32位	转速实际值32位	选择程序段	EPOS 选择的程序段	选择程序段	EPOS 选择的程序段	转速设定值16位	经过平滑的转速实际值 A（16位）
过程值3											控制字2	状态字2		经过平滑的输出电流
过程值4			控制字2	状态字2	控制字2	状态字2	控制字2	状态字2			MDI目标位置			经过平滑的转矩实际值
过程值5					编码器 1 控制字	编码器 1 状态字	编码器1 控制字	编码器1 状态字			MDI速度			有功功率实际值
过程值6						编码器1 位置实际值1 32位	编码器2 控制字	编码器1 位置实际值1 32位			MDI加速度			
过程值7											MDI减速度			
过程值8						编码器1 位置实际值2 32位		编码器 1 位置实际值 2 32位			MDI模式选择			
过程值9														
过程值10								编码器 2 状态字						
过程值11								编码器2 位置实际值 1 32位						
过程值12														
过程值13								编码器 2 位置实际值 2 32位						
过程值14														

图 5-31　西门子 G120 变频器标准报文

（4）PLC 软件编程

如图 5-32 所示的选择库，在主程序 OB1 中将 Drive_Lib_S7_1200_1500 中的 SINA_SPEED 功能块拖曳到编程网络中，因为是 FB，需要调用 DB 块（图 5-33）。

图 5-34 为 SINA_SPEED（FB285）功能块，其主要参数说明如下：

☆ EnableAxis：BOOL 型，电机使能，为 1 时运行。

☆ AckError：BOOL 型，错误复位。

☆ SpeedSp：REAL 型，变频器的速度。

☆ RefSpeed：REAL 型，变频器的参考速度，这个速度就是一个基准值，也就是设置了一个最快的速度参考值。如果 RefSpeed 设置为 1500，SpeedSp 设置 1500，这就是 50Hz 的频率；RefSpeed 设置为 1000，SpeedSp 设置 1000，这也是 50Hz 的频率。

☆ ConfigAxis：WORD 型，这是一个配置参数，里面有一些参数，主要用来控制正反转，一般 16#003F 为正转、16#0C7F 为反转。ConfigAxis 每一位的控制说明如表 5-10 所示。

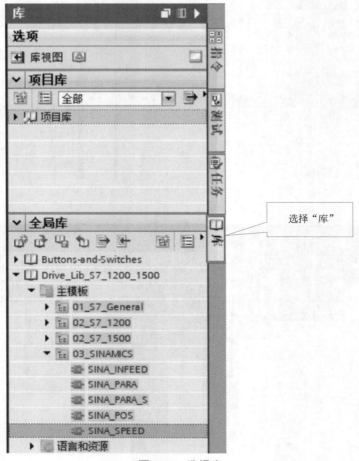

图 5-32　选择库

图 5-33　SINA_SPEED（FB285）功能块调用选项

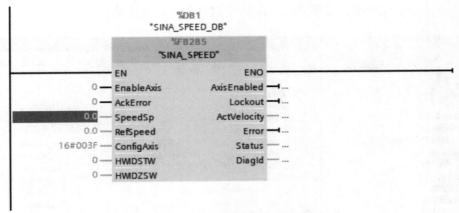

图 5-34　SINA_SPEED（FB285）功能块

表 5-10　ConfigAxis 每一位的控制说明

位序号	默认值	含义
0	1	OFF2 停机方式
1	1	OFF3 停机方式
2	1	变频器使能
3	1	使能 / 禁止斜坡函数发生器使能
4	1	继续 / 冻结斜坡函数发生器使能
5	1	转速设定值使能
6	0	打开抱闸
7	0	速度设定值反向
8	0	电动电位器升速
9	0	电动电位器降速
10 ～ 15	—	—

☆ HWIDSTW 与 HWIDZSW：硬件标识符，用来确定与哪个变频器通信，这个参数需要在 PLC 变量中查找。在系统常量里找到对应变频器后缀为 "～标准报文 1"，然后把这个值直接拖到程序中（图 5-35）。

☆ AxisEnabled：BOOL 型，驱动已使能。正常使能开启后，电机开始运行时这个值也会变成 1。

☆ Lockout：BOOL 型，驱动处于禁止接通状态。

☆ ActVelocity：REAL 型，实际速度（r/min）。

☆ Error：BOOL 型，1= 存在错误，说明有异常。

☆ Status：INT 型，16#7002 表示没错误，功能块正在执行；16#8401 表示驱动错误；16#8402 表示驱动禁止启动；16#8600 表示 DPRD_DAT 错误；16#8601 表示 DPWR_DAT 错误。

☆ DiagId: WORD 型，通信错误，在执行 SFB 调用时发生错误。

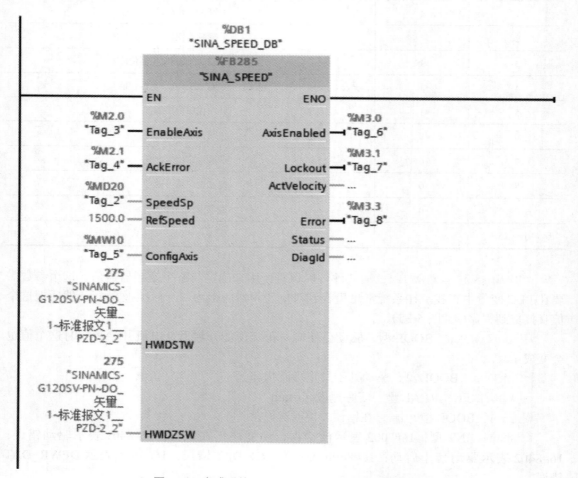

图 5-35　系统常量中的标准报文 PLC 变量

图 5-36 为完成后的 SINA_SPEED（FB285）功能块。

图 5-36　完成后的 SINA_SPEED（FB285）功能块

视频讲解

(1) Modbus RTU 协议概述

Modbus 协议是应用于各种控制器上的一种通用语言。通过此协议，控制器相互之间、控制器经由网络（例如以太网）和其他设备之间可以通信，该协议最早由施耐德公司最先提出，并最终演变为一种国际通用的总线标准。

Modbus 协议支持传统的 RS232、RS422、RS485 和以太网设备。许多工业设备，包括变频器、PLC、DCS、智能仪表等都在使用 Modbus 协议作为它们之间的通信标准。

Modbus 协议能设置为两种传输模式（ASCII 或 RTU）中的任何一种，用户可选择想要的模式，包括串口通信参数（波特率、校验方式等）。在配置每个控制器的时候，一个 Modbus 网络上的所有设备都必须选择相同的传输模式和串口通信参数。ASCII 模式，是指以 ASCII（美国标准信息交换代码）模式通信，在消息中的每个 8bit 字节都作为一个 ASCII 码（两个十六进制字符）发送。而 RTU 模式，则是以 RTU（远程终端单元）模式通信，在消息中的每个 8bit 字节包含两个 4bit 的十六进制字符。RTU 方式的主要优点是：在同样的波特率下，可比 ASCII 方式传送更多的数据。

(2) G120 变频器与 S7-1200 PLC 进行 Modbus RTU 通信的硬件基础

要实现 G120 变频器与 S7-1200 PLC 之间的 Modbus RTU 通信，必须要具备 S7-1200 PLC、CM1241（RS485）模块、通信电缆、G120 变频器。其接线方法与 USS 通信相同，如图 5-37 所示，用电缆将 CU240B-2 Modbus 通信接口与 PLC 通信模块 CM1241 连接起来。

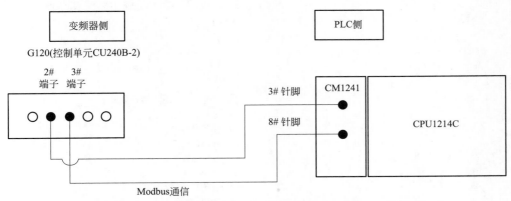

图 5-37　G120 变频器与 S7-1200 PLC 的 Modbus RTU 通信

(3) 变频器参数设置

① 地址设置。可以通过控制单元上的地址开关，也可以通过参数 P2021 或 STARTER 中"Control Unit/Communication/Field bus"选项来确定变频器的 Modbus RTU 地址。只有所有地址开关都设为"OFF"（0）时，P2021 或 STARTER 中的设置才有效。否则，Modbus RTU 地址为地址开关所设置的地址。

② 通信参数设置。除了设置地址之外，还需要对其他一些变频器的通信参数进行设置，才可以进行 Modbus 通信，参数设置如表 5-11 所示。

表 5-11　G120 变频器的通信参数设置

参数	描述	参数值	备注
P0015	变频器宏程序	21	选择 I/O 配置
P2030	现场总线协议选择	2	2：Modbus
P2020	现场总线波特率	9600	设置范围是 4800 ～ 187500bps，出厂为 19200bps
P2024	Modbus 计时	根据实际情况设置	索引 0：最大从站应答延迟，在该时间后，从站应答主站 索引 1：字符延时，指一个 Modbus 消息帧内，单个字符之间允许的最大延迟时间（即 Modbus 1.5 个字节标准的处理时间） 索引 2：报文延时，指 Modbus 报文之间允许的最大延时（即 Modbus 3.5 个字节标准的处理时间）
P2029	现场总线错误统计	根据实际情况设置	指现场总线接口上接收错误的统计、显示
P2040	过程数据监控时间	100ms	指没有收到过程数据时发出报警的延时。该时间必须根据从站数量、总线波特率加以调整

（4）PLC 硬件组态与编程

① 硬件组态。在博途软件创建 S7-1200 PLC 新项目后，在硬件目录中，找到"通信模块→点到点→ CM1241（RS485）"，然后添加 CM1241（RS485）到 CPU1214C 的左侧 101 槽（图 5-38）。

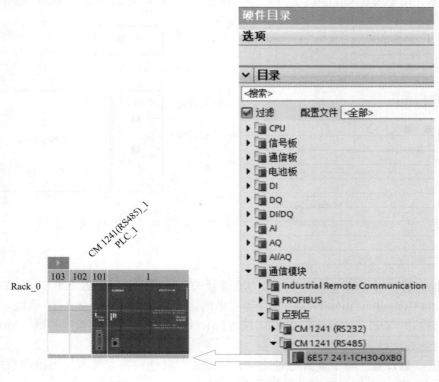

图 5-38　添加 CM1241（RS485）到 CPU1214C 的左侧 101 槽

点击 CM1241（RS485）模块，对 RS485 接口的 IO-Link 属性进行设置（图 5-39），包括波特率为 9600bps、奇偶校验为无、数据位为 8 位字符、停止位 1 位、等待时间 1ms。该属性需要与 G120 变频器的相关参数设置一致，否则无法通信。

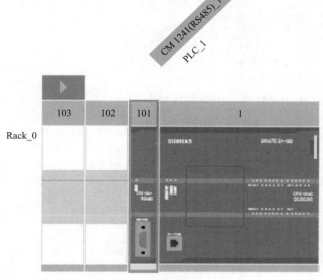

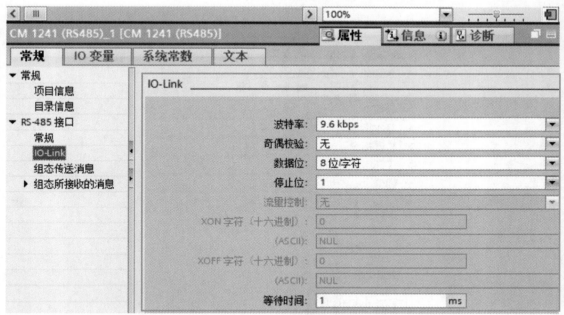

图 5-39　IO-Link 属性设置

如图 5-40 所示，启用系统和时钟存储器，因为程序中要用到时钟 M0.5 信号。

② 软件编程。打开主程序（Main[OB1]），开始编写 Modbus 通信程序。如图 5-41 所示，在右边的指令栏里选择"通信→通信处理器→ MODBUS"，再添加 MB_COMM_LOAD 和 MB_MASTER 指令。

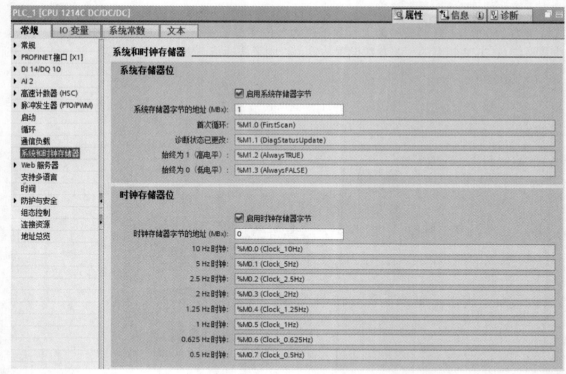

图 5-40　启用系统和时钟存储器

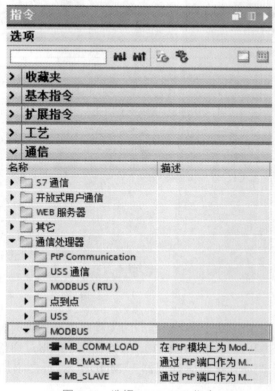

图 5-41　选择 MODBUS 指令

此处需要注意的是,不能选择 MODBUS（RS485）,这个是给 CPU 上的 CB 通信板用的指令。

编写 MODBUS 指令时会自动调用数据块选项,图 5-42 所示为调用 MB_COMM_LOAD 指令时的数据块选项,即 MB_COMM_LOAD_DB。同理,调用 MB_MASTER 时的数据块为 MB_MASTER_DB。

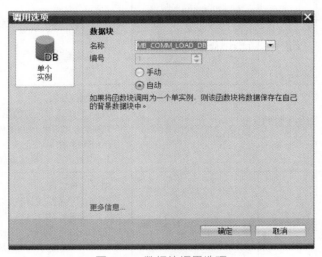

图 5-42　数据块调用选项

图 5-43 为通信初始化指令 MB_COMM_LOAD,表 5-12 为 MB_COMM_LOAD 指令的参数含义。

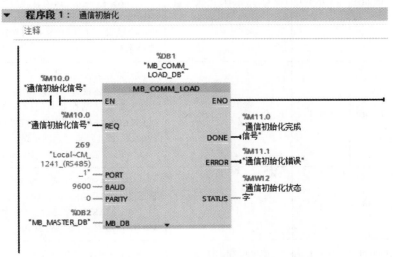

图 5-43　通信初始化指令 MB_COMM_LOAD

表 5-12　**MB_COMM_LOAD** 指令的参数含义

参数	声明	数据类型	存储区	说明
REQ	Input	BOOL	I、Q、M、D、L	在上升沿执行指令
PORT	Input	UINT	I、Q、M、D、L 或常量	通信端口的 ID； 在设备组态中插入通信模块后，端口 ID 就会显示在 PORT 框连接的下拉列表中。也可以在变量表的"常量"（constants）选项卡中引用该常量
BAUD	Input	UDINT	I、Q、M、D、L 或常量	波特率（bps）选择： 300、600、1200、2400、4800、9600、19200、38400、57600、76800、115200 以外的所有其他值均无效
PARITY	Input	UINT	I、Q、M、D、L 或常量	奇偶校验选择： 0—无 1—奇校验 2—偶校验
FLOW_CTRL	Input	UINT	I、Q、M、D、L 或常量	流控制选择： 0—（默认值）无流控制 1—通过 RTS 实现的硬件流控制始终开启（不适用于 RS485 端口） 2—通过 RTS 切换实现硬件流控制
RTS_ON_DLY	Input	UINT	I、Q、M、D、L 或常量	RTS 延时选择： 0—（默认值）到传送消息的第一个字符之前，激活 RTS 无延时 1～65535—到传送消息的第一个字符之前，"激活 RTS"以毫秒为单位的延时（不适用于 RS485 端口）。应用 RTS 延时必须与 FLOW_CTRL 选择无关
RTS_OFF_DLY	Input	UINT	I、Q、M、D、L 或常量	RTS 关断延时选择： 0—（默认值）传送最后一个字符到"取消激活 RTS"之间没有延时 1～65535—在发送消息的最后一个字符到"取消激活 RTS"之间以毫秒为单位的延时（不适用于 RS485 端口）。应用 RTS 延时必须与 FLOW_CTRL 选择无关
RESP_TO	Input	UINT	I、Q、M、D、L 或常量	响应超时： "MB_MASTER"允许等待从站响应的时间（ms）如果从站在此时间内没有响应，则"MB_MASTER"将重复该请求，或者在发送了指定数目的重试后终止请求并返回错误。 5～65535ms（默认值 =1000ms）
MB_DB	Input	VARIANT	D	"MB_MASTER"或"MB_SLAVE"指令的背景数据块的引用。在程序中插入"MB_SLAVE"或"MB_MASTER"之后，数据块标识符会显示在 MB_DB 框连接的下拉列表中
DONE	Output	BOOL	I、Q、M、D、L	指令的执行已完成且未出错

参数	声明	数据类型	存储区	说明
ERROR	Output	BOOL	I、Q、M、D、L	错误: 0—未检测到错误 1—表示检测到错误,在参数 STATUS 中输出错误代码
STATUS	Output	WORD	I、Q、M、D、L	端口组态错误代码

图 5-44 为主站通信控制 MB_MASTER_DB 指令,表 5-13 所示为 MB_MASTER 指令的参数含义。

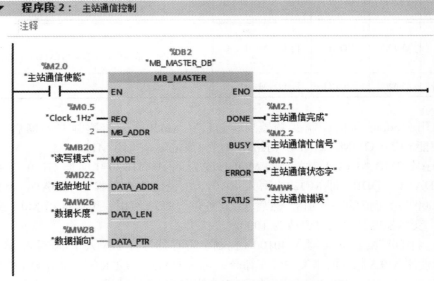

图 5-44 主站通信控制 MB_MASTER_DB

表 5-13 MB_MASTER 指令的参数含义

参数	声明	数据类型	存储区	说明
REQ	Input	BOOL	I、Q、M、D、L	请求输入: 0—无请求 1—请求将数据发送到 Modbus 从站
MB_ADDR	Input	UINT	I、Q、M、D、L 或常量	Modbus RTU 站地址: 默认地址范围: 0 ~ 247 扩展地址范围: 0 ~ 65535 值 "0" 已预留,用于将消息广播到所有 Modbus 从站。只有 Modbus 功能代码 05、06、15 和 16 支持广播
MODE	Input	USINT	I、Q、M、D、L 或常量	模式选择: 指定请求类型: 读取、写入或诊断; 有关详细信息,请参见 Modbus 功能表
DATA_ADDR	Input	UDINT	I、Q、M、D、L 或常量	从站中的起始地址: 指定 Modbus 从站中将供访问的数据的起始地址。可在 Modbus 功能表中找到有效地址

参数	声明	数据类型	存储区	说明
DATA_LEN	Input	UINT	I、Q、M、D、L 或常量	数据长度：指定要在该请求中访问的位数或字数。可在 Modbus 功能表中找到有效长度
DATA_PTR	Input	VARIANT	M、D	指向 CPU 的数据块或位存储器地址，从该位置读取数据或向其写入数据。对于数据块，必须使用"标准 - 与 S7-300/400 PLC 兼容"访问类型进行创建
DONE	Output	BOOL	I、Q、M、D、L	0—事务未完成 1—事务完成，且无任何错误
BUSY	Output	BOOL	I、Q、M、D、L	0—当前没有"MB_MASTER"事务正在处理中 1—"MB_MASTER"事务正在处理中
ERROR	Output	BOOL	I、Q、M、D、L	0—无错误 1—出错，错误代码由参数 STATUS 来指示
STATUS	Output	WORD	I、Q、M、D、L	执行条件代码

③ 使用 Modbus 通信控制变频器启停。使用 Modbus 通信控制变频器启停时，置位 M10.0，使能 MB_COMM_LOAD，初始化通信完成之后，关闭 M10.0。

将程序段 2MB_MASTER 指令的 MODE 改为 1，即 MB20=1 时向 G120 变频器写入数据，此时 DATA_ADDR（即 MD22）写入 40101（主设定值寄存器号），DATA_PTR 写入（即 MW28）1000（给定值的写入值），然后 M2.0 置位，REQ 使用一个脉冲沿 M0.5 来发送给定值。此时，变频器的给定值已经改为 1000。

同理，将 DATA_ADDR 写入 40100（控制字寄存器号），DATA_PTR 写入 047E（停车），然后 REQ 使用 M0.5 脉冲沿来发送停车命令；再将 DATA_ADDR 写入 40100（控制字寄存器号），DATA_PTR 写入 047F（启动），然后 REQ 使用 M0.5 脉冲沿来发送启动命令。

G120 变频器控制单元中的 Modbus 寄存器和对应的参数如表 5-14 所示。

表 5-14　G120 变频器控制单元中的 Modbus 寄存器和对应的参数

Modbus 寄存器号	描述	Modbus 访问	单位	定标系数	On-/OFF 文本或者值域	数据 / 参数
过程数据						
控制数据						
40100	控制字	R/W	—	1		过程数据 1
40101	主设定值	R/W	—	1		过程数据 2
状态数据						
40110	状态字	R	—	1		过程数据 1
40111	主实际值	R	—	1		过程数据 2

Modbus 寄存器号	描述	Modbus 访问	单位	定标系数	On-/OFF 文本 或者值域		数据 / 参数
					参数数据		
					数字量输出端		
40200	DO 0	R/W	—	1	高	低	P0730，r747.0，P748.0
40201	DO 1	R/W	—	1	高	低	P0731，r747.1，P748.1
40202	DO 2	R/W	—	1	高	低	P0732，r747.2，P748.2
					模拟量输出		
40220	AO 0	R	%	100	−100.0 ～ 100.0		r0774.0
40221	AO 1	R	%	100	−100.0 ～ 100.0		r0774.1
					数字量输入		
40240	DI 0	R	—	1	高	低	r0722.0
40241	DI 1	R	—	1	高	低	r0722.1
40242	DI 2	R	—	1	高	低	r0722.2
40243	DI 3	R	—	1	高	低	r0722.3
40244	DI 4	R	—	1	高	低	r0722.4
40245	DI 5	R	—	1	高	低	r0722.5
					模拟量输入		
40260	AI 0	R	%	100	−300.0 ～ 300.0		r0755[0]
40261	AI 1	R	%	100	−300.0 ～ 300.0		r0755[1]
40262	AI 2	R	%	100	−300.0 ～ 300.0		r0755[2]
40263	AI 3	R	%	100	−300.0 ～ 300.0		r0755[3]
					变频器检测		
40300	功率栈编号	R	—	1	0 ～ 32767		r0200
40301	变频器的固件	R	—	1	0.00 ～ 327.67		r0018
					变频器数据		
40320	功率模块的额定功率	R	kW	100	0.00 ～ 327.67		r0206
40321	电流极限	R/W	%	10	10.0 ～ 400.0		P0640
40322	加速时间	R/W	s	100	0.0 ～ 650.0		P1120

Modbus 寄存器号	描述	Modbus 访问	单位	定标系数	On-/OFF 文本或者值域		数据 / 参数
					变频器数据		
40323	减速时间	R/W	s	100	0.0 ～ 650.0		P1121
40324	基准转速	R/W	r/min	1	6 ～ 32767		P2000
					变频器诊断		
40340	转速设定值	R	r/min	1	−16250 ～ 16250		r0020
40341	转速实际值	R	r/min	1	−16250 ～ 16250		r0022
40342	输出频率	R	Hz	100	−327.68 ～ 327.67		r0024
40343	输出电压	R	V	1	0 ～ 32767		r0025
40344	直流母线电压	R	V	1	0 ～ 32767		r0026
40345	电流实际值	R	A	100	0.00 ～ 163.83		r0027
40346	扭矩实际值	R	N·m	100	−325.00 ～ 325.00		r0031
40347	有功功率实际值	R	kW	100	0.00 ～ 327.67		r0032
40348	能耗	R	kW·h	1	0 ～ 32767		r0039
40349	控制权	R	—	1	手动	自动	r0807
					故障诊断		
40400	故障号，索引 0	R	—	1	0 ～ 32767		r0947[0]
40401	故障号，索引 1	R	—	1	0 ～ 32767		r0947[1]
40402	故障号，索引 2	R	—	1	0 ～ 32767		r0947[2]
40403	故障号，索引 2	R	—	1	0 ～ 32767		r0947[3]
40404	故障号，索引 3	R	—	1	0 ～ 32767		r0947[4]
40405	故障号，索引 4	R	—	1	0 ～ 32767		r0947[5]
40406	故障号，索引 5	R	—	1	0 ～ 32767		r0947[6]
40407	故障号，索引 6	R	—	1	0 ～ 32767		r0947[7]
40408	报警号	R	—	1	0 ～ 32767		r2110[0]
40499	PRM ERROR 代码	R	—	1	0 ～ 99		—
					工艺控制器		
40500	工艺控制器使能	R/W	—	1	0 ～ 1		P2200，r2349.0
40501	工艺控制器 MOP	R/W	%	100	−200.0 ～ 200.0		P2240

Modbus 寄存器号	描述	Modbus 访问	单位	定标系数	On-/OFF 文本或者值域	数据 / 参数
			调整工艺控制器			
40510	工艺控制器实际值滤波器的时间常数	R/W	—	100	0.0 ~ 60.0	P2265
40511	工艺控制器实际值的比例系数	R/W	%	100	0.00 ~ 500.00	P2269
40512	工艺控制器的比例增益	R/W	—	1000	0.000 ~ 65.000	P2280
40513	工艺控制器的积分作用时间	R/W	S	1	0 ~ 60	P2285
40514	工艺控制器差分分量的时间常数	R/W	—	1	0 ~ 60	P2274
40515	工艺控制器的最大极限值	R/W	%	100	−200.0 ~ 200.0	P2291
40516	工艺控制器的最小极限值	R/W	%	100	−200.0 ~ 200.0	P2292
			PID 诊断			
40520	有效设定值，在斜坡函数发生器的内部工艺控制器 MOP 之后	R	%	100	−100.0 ~ 100.0	r2250
40521	工艺控制器实际值，在滤波器之后	R	%	100	−100.0 ~ 100.0	r2266
40522	工艺控制器的输出信号	R	%	100	−100.0 ~ 100.0	r2294

④ 使用 Modbus 通信修改和查看变频器参数。以参数 P1120 加速时间为例，对 G120 变频器参数的修改和查看进行调试。

首先，进行读参数。将 MODE 输入改为 0（即读参数模式），将 DATA_ADDR 中写入 40322（即加速时间的寄存器号），然后 REQ 使用脉冲沿来发送一个读请求。此时，可以接收到参数 P1120 中的数据位 1000（即加速时间为 10s）。

然后，进行写参数。将 MODE 输入改为 1（即写参数模式），将 DATA_ADDR 中写入 40322（即加速时间的寄存器号），在 DATA_PTR 中写入 500，然后 REQ 使用脉冲沿来发送一个写请求。此时，已经将 500 写入了参数 P1120 之中，加速时间改为 5s。

（5）通过 Modbus 错误代码来确定通信故障的原因

在所有的通信指令中，都有两个参数，即 DONE 完成位（读写功能完成位）和 ERROR 错误代码（只有在 DONE 位为 1 时，错误代码才有效），根据这两个参数可以基本确定故障的原因。表 5-15 为 Modbus 错误代码。

表 5-15　Modbus 错误代码

代码	描述
0	无错误
1	响应校验错误
2	未用
3	接收超时（从站无响应）
4	请求参数错误（slave address，modbus address，count，R/W）
5	Modbus / 自由口未使能
6	Modbus 正在忙于其他请求
7	响应错误（响应不是请求的操作）
8	响应 CRC 校验和错误
101	从站不支持请求的功能
102	从站不支持数据地址
103	从站不支持此种数据类型
104	从站设备故障
105	从站接收了信息，但是响应被延迟
106	从站忙，拒绝了该信息
107	从站拒绝了信息
108	从站存储区奇偶错误

5.3　安川 1000 系列变频器通信案例

【案例 41】　S7-1500 PLC 与 A1000 变频器的 PROFIBUS 通信

(1) PROFIBUS 现场总线概述

PROFIBUS 现场总线是应用最广泛的现场总线技术之一，主要形式是最
高波特率可达 12Mbps 的高速总线 PROFIBUS-DP。PROFIBUS 既适合于自动化系统与现场
信号单元的通信，也可用于可以直接连接带有接口的变送器、执行器、传动装置和其他现场
仪表及设备，对现场信号进行采集和监控，并且用一对双绞线替代了传统的大量的传输电
缆，大大节省了电缆的费用，也相应节省了施工调试以及系统投运后的维护时间和费用。

视频讲解

A1000 变频器与 S7-1500 PLC CPU1516-3 PN/DP 进行 PROFIBUS 通信时采用 SI-P3 通信卡，其接线如图 5-45 所示。SI-P3 通信卡的外观如图 5-46 所示。

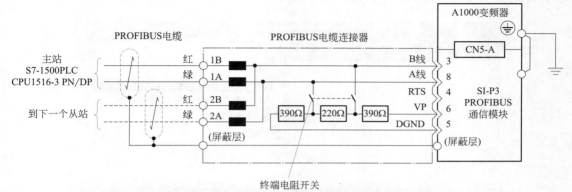

图 5-45　A1000 变频器与 S7-1500 PLC 的通信接线

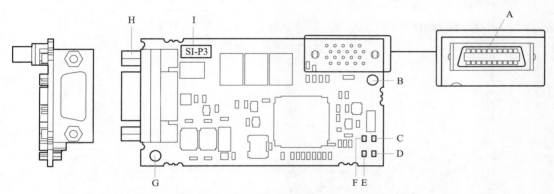

图 5-46　SI-P3 通信卡外观

A—连接器（CN5）；B—安装孔；C—LED（运行）；D—LED（COMM）；E—LED（BF）；
F—LED（ERR）；G—接地端子（FE）和安装孔；H—通信电缆连接器（CN4）

（2）工程调试基本步骤

① A1000 变频器进行 PROFIBUS 通信时参数设置如表 5-16 所示。

表 5-16　通信参数设置

参数	描述	实际设置值	备注
b1-01	频率指令的选择	3	选购卡，即 SI-P3 通信卡
b1-02	运行指令选择	3	选购卡，即 SI-P3 通信卡
F6-30	PROFIBUS-DP 站点地址	实际设置	0～125，本案例选 2
F6-31	清除模式选择	0	复位置 0
F6-32	数据格式选择	实际设置	0：PPO 格式 1：传统格式
F6-33	IND 数据大小选择	实际设置	0：字 1：字节

② 在西门子 PLC 编程之前，需要先在博途 V15 中添加 SI-P3 通信卡的 GSD 文件，文件名为 yask0acf.gsd，该文件可以从安川的网站（www.yaskawa.com）上进行下载。图 5-47 所示为博途软件的 GSD 导入菜单，选择 SI-P3 通信卡的 GSD 文件进行导入（图 5-48）。

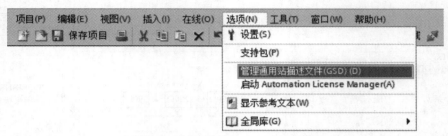

图 5-47 博途软件的 GSD 导入菜单

图 5-48 添加 GSD 文件

添加变频器驱动，选择"其他现场设备→ PROFIBUS DP →变频器 → YASKAWA ELECTRIC → SI-P3 PROFIBUS-DP INTERFACE CARD"，拖曳至 PLC 的 PROFIBUS 端口，就会出现图 5-49 所示的 Slave_1 从站，此时为"未分配"状态（图 5-50），点击后选择主站，即 PLC_1.DP 接口 _1。

PLC 的 DP 接口参数主要分 DP 接口的 PROFIBUS 地址、DP 接口的操作模式和 DP 接口的时间同步选项等，具体如图 5-51 ～图 5-53 所示。

③ PROFIBUS 通信数据格式一。A1000 变频器与主站 PLC 进行 PROFIBUS 通信时共有两种方式。一种是将变频器参数 F6-32 设为 1，这时配置硬件时就选择 basic data（3 个字）或 extended data 1（16 个字）或 extended data 2（8 个字），这种方式下控制字和状态字与老版本的 SI-P 卡相同，如果是替换原先的安川变频器老型号，一般建议用这种方式，以保证兼容性。另外一种是需要将变频器里 F6-32 设为 0（默认），这时配置硬件时就选择 PPO（1 ～ 5）等。

如果选择 basic data（3 个字）或 extended data 1（16 个字）或 extended data 2（8 个字）类型时，控制方式如 SI-P 模块一样。如图 5-54 所示，选择为 Basic data，输入地址 284...289，输出地址 284...289。

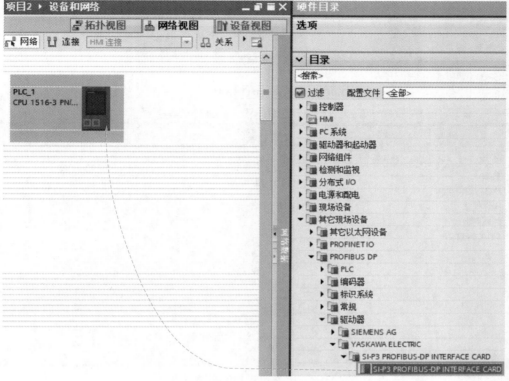

图 5-49　地址属性

图 5-50　选择主站

第一个控制字的位含义如表 5-17 所示，程序中 PQW284，表示第 0 位、第 2 位为 "1"；第二个字为速度字 PQW286，速度 5000 对应 50Hz；状态字如图 5-54 中的 PIQ284。需要注意的是，控制字的第 0 位、第 1 位与参数 "H5-12 运行指令方法的选择" 有关，该参数为 "0" 表示 FWD/STOP，REV/STOP 方式，即将 MEMOBUS 寄存器的位 0 用于变频器正转方向的运行 / 停止，将位 1 用于反转方向的运行 / 停止；该参数为 "1" 表示 RUN/STOP，FWD/REV 方式，即将 MEMOBUS 寄存器的位 0 用于变频器的运行 / 停止，将位 1 用于旋转方向（正 / 反）的变更。

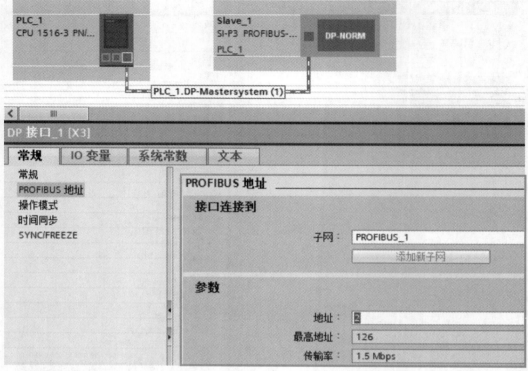

图 5-51 DP 接口的 PROFIBUS 地址

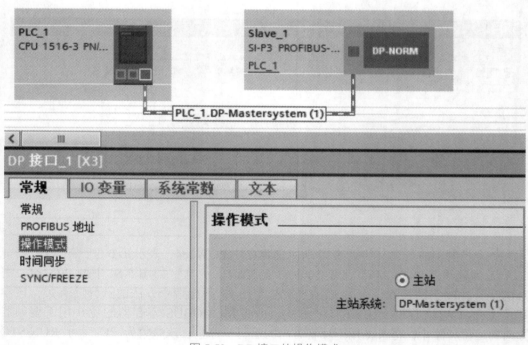

图 5-52 DP 接口的操作模式

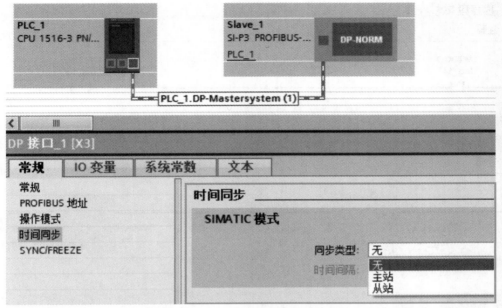

图 5-53　DP 接口的时间同步选项

模块	机架	插槽	I 地址	Q 地址	类型
Slave_1	0	0			SI-P3 PROFIBUS-DP INTERFAC...
Basic data_1	0	1	284...289	284...289	Basic data
	0	2			

目录

<搜索>

☑ 过滤　　配置文件 全部

▶ 🗀 前端模块
　🔲 通用模块
　🔲 Basic data
　🔲 Extended Data 1
　🔲 Extended Data 2
　🔲 PPO Type 1
　🔲 PPO Type 2
　🔲 PPO Type 3
　🔲 PPO Type 4
　🔲 PPO Type 5
　🔲 PPO Type 1 (No Cons.)
　🔲 PPO Type 2 (No Cons.)
　🔲 PPO Type 3 (No Cons.)
　🔲 PPO Type 4 (No Cons.)
　🔲 PPO Type 5 (No Cons.)

图 5-54　选择 Basic data

图 5-55 为选择 Basic data 时的频率设定程序。

▼　程序段 1：

　注释

```
    %M200.2                                        %M13.0
    "Tag_10"                                       "Tag_12"
  ────┤├────────────────────────────────────────────( )────
```

图 5-55

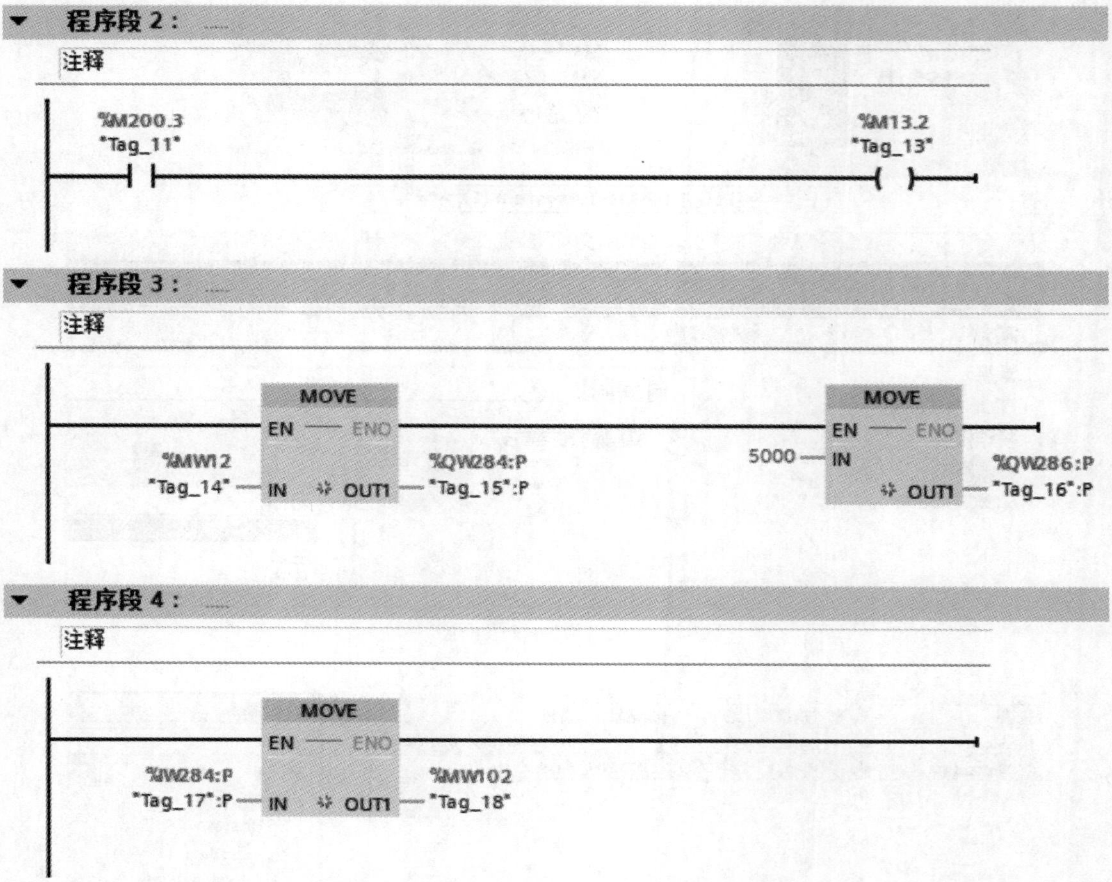

图 5-55 选择 Basic data 时的频率设定程序

表 5-17 控制字的位含义

命令字的位	描述
0	H5-12=0：FWD/STOP，REV/STOP 方式 H5-12=1：RUN/STOP，FWD/REV 方式
1	H5-12=0：FWD/STOP，REV/STOP 方式 H5-12=1：RUN/STOP，FWD/REV 方式
2	多功能数字量输入命令 3
3	多功能数字量输入命令 4
4	多功能数字量输入命令 5
5	多功能数字量输入命令 6
6	多功能数字量输入命令 7
7	多功能数字量输入命令 8
8	外部故障
9	故障复位

命令字的位	描述
A	
B	保留
C	
D	
E	故障追踪和历史复位
F	Baseblock 命令

④ PROFIBUS 通信数据格式二。如果选用 PPO 类型，如图 5-56 所示，选择 PPO Type 5（以下简称 PPO5），其格式如图 5-57 所示，共分两部分，第一部分为报文头，即 PKE、IND、PWE 共 4 字；第二部分为数据 PZD1 ～ PZD10，其中 PZD1 为控制字或状态字，PZD2 为设定频率或实际频率。

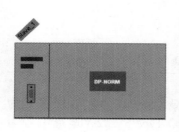
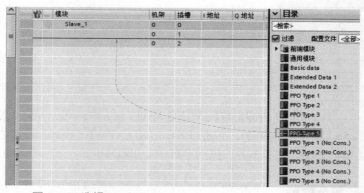

图 5-56　选择 PPO5

PKW			PZD									
PKE	IND	PWE	PZD1	PZD2	PZD3	PZD4	PZD5	PZD6	PZD7	PZD8	PZD9	PZD10

第一部分4字　　　　　　　　　　第二部分10字

图 5-57　PPO5 的格式

PPO5 的控制字与状态字如表 5-18 所示，也可以参考西门子公司相关手册及配套数字资源。

表 5-18　PPO5 的控制字与状态字

位	PPO 写	PPO 读
0	OFF1：保留	通电准备：总是 1
1	OFF2：保留	准备状态：总是 1
2	OFF3：保留	0：未准备好；1：准备好

续表

位	PPO 写	PPO 读
3	允许运行 0：Baseblock+ 停止；1：无 Baseblock	0：无故障；1：故障
4	0：停止；1：运行	总是 1
5	斜坡功能使能：保留	总是 1
6	使能斜坡功能发生器设定：保留	通电禁止：总是 0
7	1：故障复位	0：无报警；1：报警
8	0：停止；1：点动正转	0：无速度确认；1：速度确认
9	0：停止；1：点动反转	0：停止；1：点动反转
10	0：外部控制；1：来自 PROFIBUS 控制	总是 0
11	保留	
12		
13		
14		
15		

图 5-58 为 PPO5 的配置 I/Q 地址，包括：第一部分为 PPO Type 5_2_1，地址编号为（256...263），共 4 字，包括 PKE、IND、PWE；第二部分为 PPO Type 5_2_2，地址编号为（264...283），共 10 字，包括 PZD1 ～ PZD10。

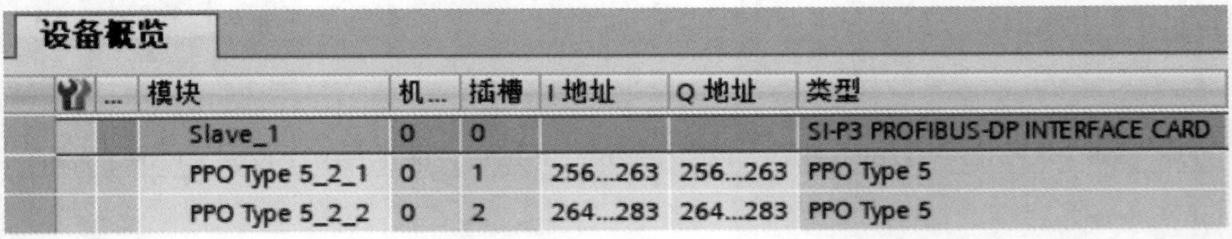

设备概览

	...	模块	机...	插槽	I 地址	Q 地址	类型
		Slave_1	0	0			SI-P3 PROFIBUS-DP INTERFACE CARD
		PPO Type 5_2_1	0	1	256...263	256...263	PPO Type 5
		PPO Type 5_2_2	0	2	264...283	264...283	PPO Type 5

图 5-58　配置 I/Q 地址

在 PPO Type 5 时的西门子 PLC 程序控制如图 5-59 所示。结合表 5-19 可知，控制字第 3 位为使能位（即 M9.3），如图中程序中 M200.0 应始终接通，不然变频器会报 BB 故障（即变频器输出被禁止）。第 4 位为启动 / 停止位（即 M9.4）。第二个控制字为速度字，如果要正转则给正值，如果要反转则要给负值，速度对应关系也为 5000 对应 50Hz。

（3）变频器参数修改的 PLC 程序

这里以修改 C1-01 参数（加速时间）为例来编写 PLC 程序（PLC 和变频器的硬件接线不变）。

采用 PPO5 协议，对 PROFIBUS 通信数据的第一部分进行分析，如表 5-19 所示，其中 PKE 中的 0 ～ 10 是 PNU 中对应的参数号（表 5-20）。

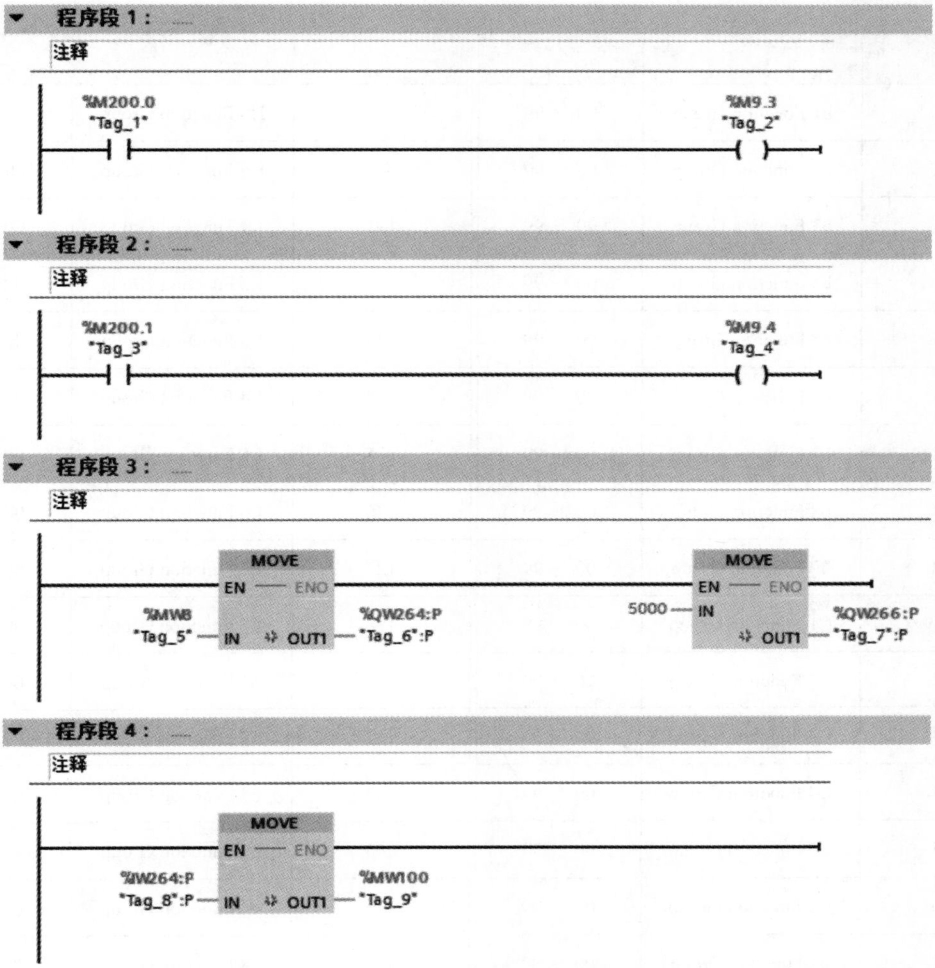

图 5-59　PPO5 时的频率设定程序

表 5-19　PROFIBUS 通信数据的第一部分

名称	位	描述
PKE	0 ～ 10	PNU
	11	0
	12 ～ 15	任务 ID
IND	0 ～ 15	参数号子序号
PWE	0 ～ 31	参数写入的数值

表 5-20　PNU 对应的参数号

PNU（十进制）	描述	参数号子序号	PNU（十进制）	描述	参数号子序号
11	A1 Function Group	00 ～ 99	83	H3 Function Group	00 ～ 99
12	A2 Function Group	00 ～ 99	84	H4 Function Group	00 ～ 99

PNU（十进制）	描述	参数号子序号	PNU（十进制）	描述	参数号子序号
21	b1 Function Group	00 ～ 99	85	H5 Function Group	00 ～ 99
22	b2 Function Group	00 ～ 99	86	H6 Function Group	00 ～ 99
23	b3 Function Group	00 ～ 99	121	L1 Function Group	00 ～ 99
24	b4 Function Group	00 ～ 99	122	L2 Function Group	00 ～ 99
25	b5 Function Group	00 ～ 99	123	L3 Function Group	00 ～ 99
26	b6 Function Group	00 ～ 99	124	L4 Function Group	00 ～ 99
27	b7 Function Group	00 ～ 99	125	L5 Function Group	00 ～ 99
28	b8 Function Group	00 ～ 99	126	L6 Function Group	00 ～ 99
29	b9 Function Group	00 ～ 99	127	L7 Function Group	00 ～ 99
31	C1 Function Group	00 ～ 99	128	L8 Function Group	00 ～ 99
32	C2 Function Group	00 ～ 99	141	n1 Function Group	00 ～ 99
33	C3 Function Group	00 ～ 99	142	n2 Function Group	00 ～ 99
34	C4 Function Group	00 ～ 99	143	n3 Function Group	00 ～ 99
35	C5 Function Group	00 ～ 99	145	n5 Function Group	00 ～ 99
36	C6 Function Group	00 ～ 99	146	n6 Function Group	00 ～ 99
41	d1 Function Group	00 ～ 99	148	n8 Function Group	00 ～ 99
42	d2 Function Group	00 ～ 99	151	o1 Function Group	00 ～ 99
43	d3 Function Group	00 ～ 99	152	o2 Function Group	00 ～ 99
44	d4 Function Group	00 ～ 99	153	o3 Function Group	00 ～ 99
45	d5 Function Group	00 ～ 99	154	o4 Function Group	00 ～ 99
46	d6 Function Group	00 ～ 99	171	q1 Function Group	00 ～ 99
47	d7 Function Group	00 ～ 99	181	r1 Function Group	00 ～ 99
51	E1 Function Group	00 ～ 99	201	T1 Function Group	00 ～ 99
52	E2 Function Group	00 ～ 99	202	T2 Function Group	00 ～ 99
53	E3 Function Group	00 ～ 99	203	T3 Function Group	00 ～ 99
54	E4 Function Group	00 ～ 99	211	U1 Function Group	00 ～ 99

PNU（十进制）	描述	参数号子序号	PNU（十进制）	描述	参数号子序号
55	E5 Function Group	00 ～ 99	212	U2 Function Group	00 ～ 99
61	F1 Function Group	00 ～ 99	213	U3 Function Group	00 ～ 99
62	F2 Function Group	00 ～ 99	214	U4 Function Group	00 ～ 99
63	F3 Function Group	00 ～ 99	215	U5 Function Group	00 ～ 99
64	F4 Function Group	00 ～ 99	216	U6 Function Group	00 ～ 99
65	F5 Function Group	00 ～ 99	217	U7 Function Group	00 ～ 99
66	F6 Function Group	00 ～ 99	218	U8 Function Group	00 ～ 99
67	F7 Function Group	00 ～ 99	300	RAM Enter Command	0
81	H1 Function Group	00 ～ 99	301	ROM Enter Command	0
82	H2 Function Group	00 ～ 99			

注：Function Group 为参数功能组。

表 5-21 为 ID 功能与任务描述。

表 5-21　ID 功能与任务描述

ID	任务描述
0	无功能
1	读取参数值
2	写入参数值（字）
3	写入参数值（DBL 字）
4	保留
5	保留
6	从数组读取参数值
7	写入数组中的参数值（字）
8	写入数组中的参数值（DBL 字）
9	读取数组元素数

将参数值写入设备的命令中，第一个 MOVE 块显示移动的 PKE 和 IND 到电报头。任务 ID 为 7，如表 5-21 所示，表示将参数写入阵列（WORD）命令。数组名称（PNU）为 1Fh（31），C1 类别。根据图 5-60 所示的标准变频器功能与参数以获取支持变频器参数 PNU。此处 IND 为 1，表示要读取数组的第一个元素（C1-01）；PWE 数据为发送的是 64h（100），它将加速时间 1 更改为 10.0s。图 5-61 为变频器参数修改的 PLC 程序。

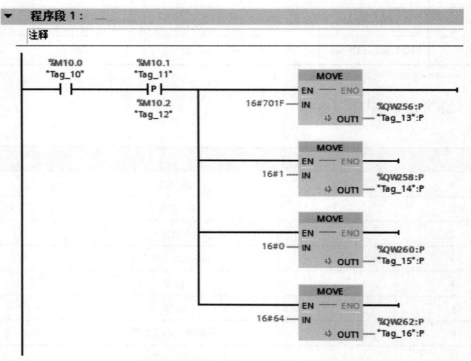

	功能	参数号	名称	设定范围
		C1-01	加速时间1	0.0~6000.0
		C1-02	减速时间1	0.0~6000.0
		C1-03	加速时间2	0.0~6000.0
		C1-04	减速时间2	0.0~6000.0
	加减速时间	C1-05	加速时间3(第2电机用加速时间1)	0.0~6000.0
		C1-06	减速时间3(第2电机用减速时间1)	0.0~6000.0
		C1-07	加速时间4(第2电机用加速时间2)	0.0~6000.0
		C1-08	减速时间4(第2电机用减速时间2)	0.0~6000.0
		C1-09	紧急停止时间	0.0~6000.0
		C1-10	加减速时间的单位	0, 1
		C1-11	加减速时间的切换频率	0.0~400.0

PNU C1组=1Fh

IND 01

PWE 100, 即10.0s

图 5-60　标准变频器的功能与参数

图 5-61　变频器参数修改的 PLC 程序

(4) PROFIBUS 通信卡的指示灯说明

SI-P3 通信卡的指示灯在调试过程中非常重要, 其具体含义如下:

① RUN 灯: 电源指示灯, 绿灯。

灯亮, 表示选件硬件均已供电, 且自诊断检查完成。

灯灭有三种原因: 变频器没有电源; 选件和变频器未正确连接; 选件中发生内部自诊断错误。

② ERR 灯: 选件故障灯, 红灯。

灯亮，表示选件错误，选件中发生了自我诊断错误。

闪烁，表示选件和变频器之间的连接错误，包括变频器上参数 F6-30 的节点地址设置错误。

灯灭，表示变频器和选件已正确连接。

③ COMM 灯：通信状态灯，绿灯。

灯亮，表示通信已连接，选件和 PROFIBUS-DP 主站之间可正常发送 / 接收。

灯灭，无数据交换，选件和 PROFIBUS-DP 主站建立之间的通信时出现问题。

④ BF 灯：PROFIBUS-DP 故障灯，红灯。

灯亮，等待通信程序设定中，表示与通信相关的参数正在处理中。

闪烁，由 PROFIBUS-DP 主站设置或初始化导致的通信设定错误。

灯灭，正常，设置与通信有关的参数和 PROFIBUS-DP 主站完成后。

【案例 42】 S7-1500 PLC 与 A1000 变频器的 PROFINET 通信

（1）案例概述

前面介绍过的 ROFINET 网络解决方案，能大幅度减少布线和安装工厂自动化设备的成本及时间，同时提供了多个供应商提供的类似组件的互换性。作为一个开放网络标准，除西门子之外的很多厂家都提供了变频器接入 PROFINET 的通信卡，如安川的 SI-EP3 通信卡（选件），该选件可以将 1000 系列的变频器连接到 PROFINET 网络中，从而简化 PLC 与变频器之间的数据交换。图 5-62 为安装 SI-EP3 通信卡到 A1000 变频器上的示意图。

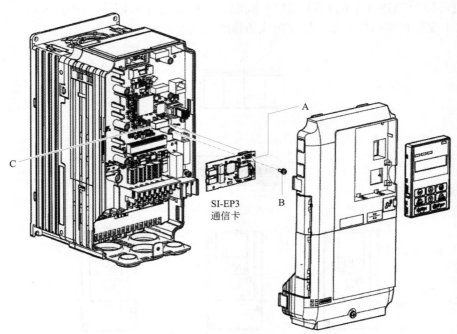

图 5-62　安装 SI-EP3 通信卡到 A1000 变频器上的示意图

A—SI-EP3 通信卡；B—固定螺钉；C—连接器 CN5-A

在安川变频器上安装 SI-EP3 通信卡后，如图 5-63 所示，接入到 PROFINET 网络，这样 PROFINET 主站就可以对安川变频器执行以下功能：

① 启动停止变频器，并设置运行频率；

② 监视变频器的运行状态；

③ 更改变频器参数值。

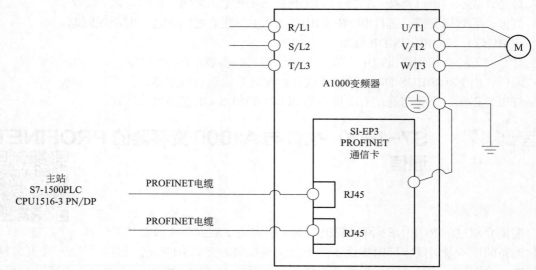

图 5-63　主站与 A1000 变频器的 PROFINET 连接

对于多台变频器与主站 PLC 相连的情况，用户可以采用传统的星形网络拓扑 [图 5-64 (a)]，也可以使用选件上的 CN1 端口 1 或端口 2 来构成环形拓扑 [图 5-64 (b)]，以减少 PROFINET 交换机端口的要求，增加布线拓扑的灵活性。

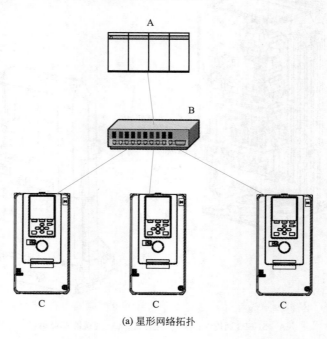

(a) 星形网络拓扑

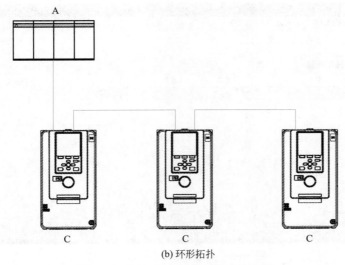

(b) 环形拓扑

图 5-64　主站 PLC 与多台变频器相连

A—主站 PLC；B—交换机；C—A1000 变频器

（2）编程与调试

① 变频器参数设置。A1000 变频器进行 PROFINET 通信时参数设置如表 5-22 所示。

表 5-22　通信参数设置

参数	描述	实际设置值	备注
b1-01	频率指令的选择	3	选购卡，即 SI-EP3 通信卡
b1-02	运行指令选择	3	选购卡，即 SI-EP3 通信卡
F7-01	IP 地址第 1 位	192	根据实际设置
F7-02	IP 地址第 2 位	168	根据实际设置
F7-03	IP 地址第 3 位	0	根据实际设置
F7-04	IP 地址第 4 位	2	根据实际设置
F7-05	掩码第 1 位	255	根据实际设置
F7-06	掩码第 2 位	255	根据实际设置
F7-07	掩码第 3 位	255	根据实际设置
F7-08	掩码第 4 位	0	根据实际设置

② 硬件配置。在 PLC 编程之前，首先需要从安川网站上下载 SI-EP3 的 GSD 文件，其文件名为"GSDML-V2.3-Yaskawa-SIEP3-20150604.xml"，然后在西门子博途软件中进行安装，如图 5-65 所示。安装完成后，就可以找到 SI-EP3 的硬件目录（图 5-66）。

图 5-65　安装 SI-EP3 的 GSD 文件

图 5-66　SI-EP3 硬件目录

　　在 CPU1516-3 PN/DP 项目中，将"SI-EP3 Profinet Option Cards VST800250"拖曳至"设备与网络"窗口，然后点击 SI-EP3 后进入并选择图 5-67 所示的模块格式，共 3 种，选择"Std Tgm 1+5 PZD"格式，如图 5-68 所示，最后配置地址为 256...269。

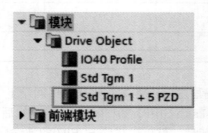

图 5-67　选择"Std Tgm 1+5 PZD"格式

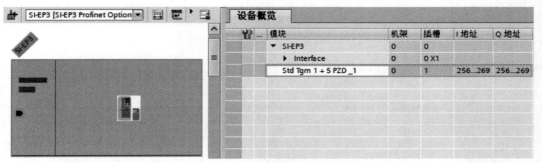

图 5-68　配置 I/Q 地址

表 5-23 为输入 / 输出含义，其中 PZD1 为控制字 / 状态字，PZD2 为设定频率 / 实际频率，PZD3 ～ PZD8 为 F7-33 ～ F7-37 所设定的参数号对应的参数值。

表 5-23　输入 / 输出含义

输入	含义	输入	含义
IW 256	PZD1	QW 256	PZD1
IW 258	PZD2	QW 258	PZD2
IW 260	PZD3	QW 260	PZD3
IW 262	PZD4	QW 262	PZD4
IW 264	PZD5	QW 264	PZD5
IW 266	PZD6	QW 266	PZD6
IW 268	PZD7	QW 268	PZD7

图 5-69 为 PROFINET 接口的以太网地址 "192.168.0.1"、子网掩码 "255.255.255.0"，图 5-70 为 SI-EP3 的以太网地址 "192.168.0.2"、子网掩码 "255.255.255.0"，应确保两者在一个频段上。

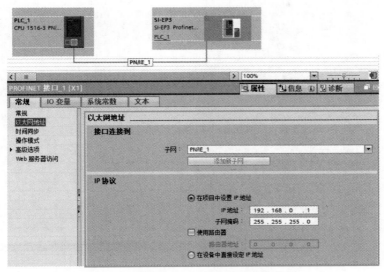

图 5-69　PROFINET 接口的以太网地址

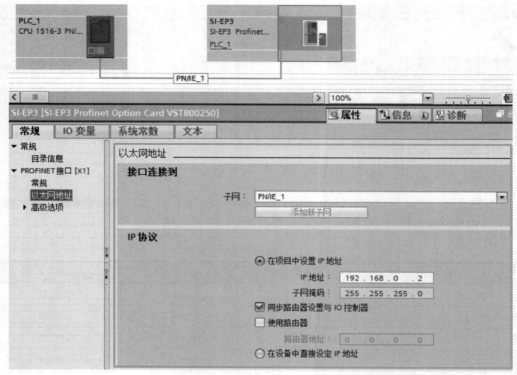

图 5-70　SI-EP3 的以太网地址

图 5-71 和图 5-72 为 SI-EP3 模块参数，其中 Control and Status Word 选择为 "Yaskawa"。

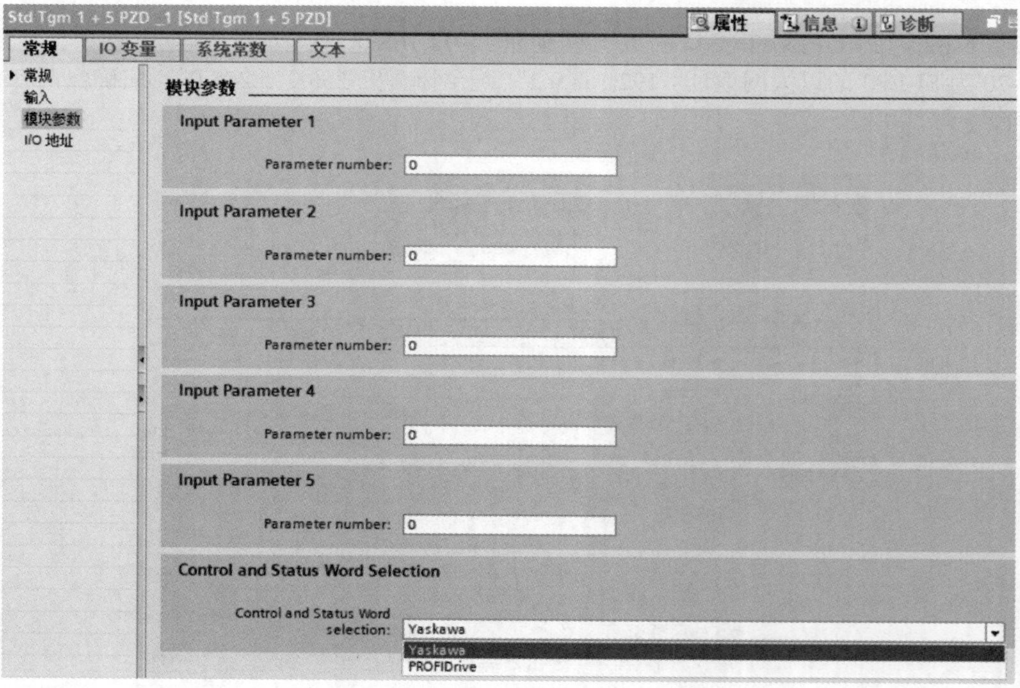

图 5-71　SI-EP3 模块参数一

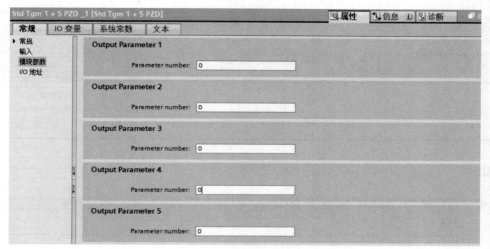

图 5-72　SI-EP3 模块参数二

③ PLC 编程。根据地址，QW256 和 QW258 分别是控制字和频率设定值，根据 Yaskawa 格式的控制字进行设置（表 5-24）。

表 5-24　Yaskawa 格式的控制字和状态字

Yaskawa 格式控制字		Yaskawa 格式状态字	
位	功能	位	功能
0	运行	0	运行中
1	反向运行	1	零速
2	EF0	2	反向运行
3	故障复位	3	复位信号输入激活
4	DI1	4	非零速运行
5	DI2	5	准备
6	DI3	6	报警
7	DI4	7	故障
8	DI5	8	oPE 故障
9	DI6	9	Uv 返回状态
10	DI7	10	第 2 电机
11	DI8	11	ZSV
12	未使用	12	未使用
13	未使用	13	未使用

Yaskawa 格式控制字		Yaskawa 格式状态字	
位	功能	位	功能
14	未使用	14	网络设定
15	未使用	15	网络控制

图 5-73 为设置 Yaskawa 格式时的 PLC 程序。

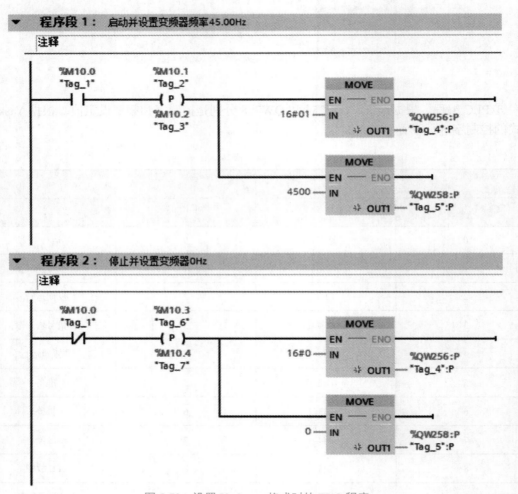

图 5-73 设置 Yaskawa 格式时的 PLC 程序

需要注意的是，如果采用 PROFIdrive 格式时，其控制字格式参考 PPO5，因此 QW256 的值为 16#7F。

如要更改变频器参数值时，比如更改"C1-01 加速时间 1"，需要首先在变频器参数 F7-33 中输入所需值的加速参数地址，即"参数 C1-01（0200h）"，具体如图 5-74 所示。重新启动变频器以存储并激活参数值。

代码	名称	设定范围	设定值	地址(十六进制)
C1-01	加速时间1	0.0～6000.0s		200
C1-02	减速时间1	0.0～6000.0s		201

参数地址

图 5-74 参数 C1-01 和 C1-02 对应的参数地址值

图 5-75 为设置参数 C1-01 时的 PLC 程序，设置值为 100，即 10.0s。

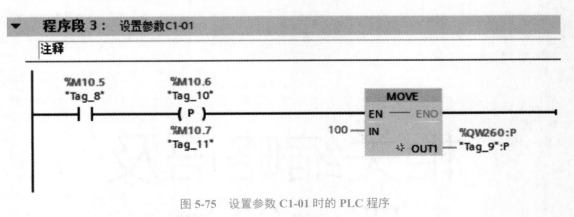

图 5-75 设置参数 C1-01 时的 PLC 程序

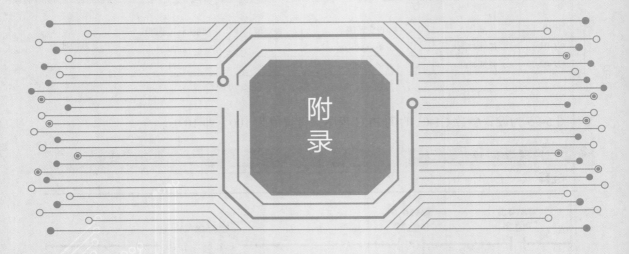

附录

相关缩略语及电气符号

VF	变频调压调速方式
VVVF	变频器（Variable Frequency Inverter）
V20/G120	西门子 V20/G120 变频器
A1000/J1000/H1000	安川 A1000/J1000/H1000 变频器
L1000A	安川 L1000A 电梯专用变频器
V/f	变频器的最常见控制方式，即恒压频比
ASR	矢量控制时的速度调节器
IGBT	绝缘栅双极晶体管
PG	编码器
Modbus	MODICON 公司首先提出的一种通信协议，现为标准协议之一
PROFIBUS	西门子公司首先提出的一种通信协议，现为标准协议之一
PROFINET	新一代自动化工业总线，现为标准协议之一
USS	西门子专用通信协议
RTU	Remote Terminal Unit（远程终端单元）方式，Modbus 的一种
IPM	智能功率模块
PID	闭环控制，包括 P（比例）、积分（I）和微分（D）环节
PLC	可编程逻辑控制器
DCS	集散控制系统

BA	楼宇设备自控系统
DDC	区域智能分站
HMI	人机界面，包括触摸屏和组态软件
STARTER	西门子变频器的 PC 通信软件
TIA	又称博途，即西门子博途编程软件，适用于 S7 全系列
EMC	电磁兼容性
QF	空气断路器
KM	接触器
FR/RH	热继电器
KA	中间继电器
SA	转换开关
SB	按钮
PE/FE	保护接地 / 设备接地
R/S/T	变频器的电源进线
U/V/W	变频器出线，即到电机端的接线
L/N	相线 / 零线

参考文献

［1］ 李方园 . 行业控制专用变频器的策略研究［M］. 北京：科学出版社，2018.

［2］ 李方园 . 变频器技术及应用［M］. 北京：机械工业出版社，2017.

［3］ 李方园 . 变频器应用简明教程［M］. 北京：机械工业出版社，2013.

［4］ 方大千，孙思宇 . 软启动器、变频器及 PLC 控制线路［M］. 北京：化学工业出版社，2018.

［5］ 于宝水，姜平 . 变频器典型应用电路 100 例［M］. 北京：中国电力出版社，2017.